蔬菜病虫害诊治丛书

黄瓜病虫害诊治图谱

周海霞　主编

河南科学技术出版社
·郑州·

图书在版编目（CIP）数据

黄瓜病虫害诊治图谱 / 周海霞主编 . —郑州：河南科学技术出版社，2023.3
（蔬菜病虫害诊治丛书）
ISBN 978-7-5725-1061-8

Ⅰ.①黄… Ⅱ.①周… Ⅲ.①黄瓜 - 病虫害防治 - 图谱 Ⅳ.① S436.421-64

中国国家版本馆 CIP 数据核字（2023）第 006575 号

出版发行：河南科学技术出版社
地址：郑州市郑东新区祥盛街27号　邮编：450016
电话：（0371）65737028
网址：www.hnstp.cn
策划编辑：李义坤
责任编辑：崔军英
责任校对：臧明慧
封面设计：张德琛
责任印制：张艳芳
印　　刷：河南新达彩印有限公司
经　　销：全国新华书店
开　　本：850 mm×1 168 mm　印张：4.75　字数：120千字
版　　次：2023年3月第1版　2023年3月第1次印刷
定　　价：32.00元

《黄瓜病虫害诊治图谱》
编写人员

主　　编　周海霞

副 主 编　李新峥　田朝辉　周建华　唐立强　刘立明
　　　　　王晓峰　吴小波

参　　编　孙涌栋　杨路明　刘振威　张　黎　李芳霞
　　　　　李志萌　万秀娟　崔丽朋

前言

　　黄瓜在我国各地均有种植，是重要的设施蔬菜品种，也是一类可以周年供应的重要蔬菜品种，其果实脆嫩可口，富含纤维素、多种维生素和矿质元素，营养价值较高。

　　近年来，随着市场需求量的增加，黄瓜的种植规模日益扩大，发展迅速，经济效益较好，正在成为很多地区的经济作物和经济产业。虽然生产中栽培技术水平在不断提高，但黄瓜病虫害依然是种植户面临的主要生产问题，诊治不力就会给其造成巨大的经济损失。种植户迫切希望能有一本蔬菜病虫害诊治图谱类图书来指导生产，以便能够在田间准确地鉴别各种病虫害，从而有针对性地、及时地加以诊治。

　　本书针对农业科研人员、农业技术人员等农业科技工作者和广大种植户而编写，主要介绍了黄瓜生产中较常见的真菌性病害、细菌性病害、生理性病害的病原、症状、传播途径和发病条件，以及常见的地上害虫、地下害虫的寄主、为害特点、形态特征、生活习性，并对每种病虫害附上了具有代表性的图片，推荐了具体防治措施。书中所配图片真实、直观，内容详尽，语言通俗，实用性强，方便读者阅读，能够真正帮助读者解决生产中的实际问题。

　　由于作者水平有限，书中可能存在疏漏和不妥之处，敬请各位专家和广大读者批评指正。

编　者

2022 年 11 月

目录

第一部分　真菌性病害的诊治

一 黄瓜猝倒病

【症状】

黄瓜猝倒病主要在幼苗长出1~2片叶的真叶期发生，长出3片真叶后发病较少。幼苗染病后，茎基部有水浸状浅黄绿色病斑，很快病部组织腐烂、凹陷变成黄褐色，干枯缢缩为线状，往往当子叶尚未凋萎，幼苗突然猝倒后贴伏地面；有时瓜苗刚出土，下胚轴和子叶已普遍腐烂，变褐、枯死；湿度大时，病部长出白色棉絮状菌丝体。苗床初见少数幼苗发病，几天后迅速蔓延，子叶青绿时幼苗已成片倒伏死亡。结果期遇低温、弱光、湿度大的条件，果实易染此病。病菌易从果脐部或伤口处侵入，造成烂果。在空气湿度大时，果实病部表面见有白色棉絮状物，即为菌丝体。

【病原】

瓜果腐霉菌 *Pythium aphanidermatum*（Eds.）Fitzp，属鞭毛菌亚门真菌。

【发病规律】

此病菌腐生性很强，可以在土壤中长期存活，以卵孢子和菌丝体在土壤中的病残体上越冬。田间再侵染主要靠病苗的病部产出孢子囊及游动孢子，借灌溉水、粪肥和农具等传播。在苗床温度较低时发病，如土壤温度在15~16 ℃时适宜病菌生长，有利于发病。当幼苗子叶的营养基本用完，新根尚未扎实之前是易感病期。这时真叶未抽出，自养能力弱，抗病力也弱，若遇阴雨雪天气、光照强度降低、光合作用弱而呼吸强度大时，细胞壁变薄，病菌会乘机侵入。

黄瓜猝倒病1

黄瓜猝倒病2

因此，在 1~2 片真叶期的幼苗易发生此病。

【防治方法】

（1）选地建苗床。选择地势平坦、背风向阳、排灌方便的生茬地块作苗床，播种前要充分翻晒地，施足经过充分发酵、腐熟的有机肥料作基肥，有条件的在冬春茬黄瓜育苗时可采用电热线温床、营养钵苗床育苗。

（2）床土消毒。床土应选用无病新土，如用旧园土，应进行苗床土壤消毒。方法：每平方米苗床施用 50% 拌种双粉剂 7 克，或 40% 五氯硝基苯粉剂 9 克，或 32% 苗菌敌可湿性粉剂 10 克，或 25% 甲霜灵可湿性粉剂 9 克 +70% 代森锰锌可湿性粉剂 1 克，兑细土 4~5 千克，拌匀。施药前先把苗床底水打好，且一次浇透，待水渗下后，取 1/3 充分拌匀的药土撒在畦面上，播种后再把其余 2/3 药土覆盖在种子上面，即上覆下垫。如覆土厚度不够，可补撒药土使其达到适宜厚度，这样种子夹在药土中间，防效明显。要注意畦面表土保持湿润，撒药土要均匀，以免发生药害。可用噁霉灵（土菌消）进行苗床土消毒。

（3）加强苗床管理。选择地势高、地下水位低、排水良好的地做苗床，播前一次灌足底水，出苗后尽量不浇水，必须浇水时一定选择晴天喷洒，不宜大水漫灌。苗床内温度调节为：白天保持 20~30 ℃，夜间 15~18 ℃，尤其要注意提高地温。育苗畦（床）及时放风、降湿，即使阴天，也要适时、适量放风排湿，严防瓜苗染病。增强光照，培育壮苗。

（4）药剂防治。发病前期，可用 45% 百菌清烟剂早防，每亩用药 400~500 克，密闭苗床烟熏。发病初期，可用 72% 普力克（霜霉威盐酸盐）水剂 500~800 倍液，或 12% 绿乳铜乳油 600 倍液，或 80% 新万生可湿性粉剂 600 倍液，或 72% 霜疫清可湿性粉剂 800~1 000 倍液，或 25% 甲霜灵可湿性粉剂 600~800 倍液，或 64% 杀毒矾可湿性粉剂 500~600 倍液，或 75% 百菌清可湿性粉剂 600~800 倍液，或 80% 乙膦铝可湿性粉剂 400 倍液，每 7~8 天喷 1 次，连喷 2~3 次。对成片死苗的地方，可用 72.2% 普力克水剂 400 倍液或 58% 吡唑瑞毒霉可湿性粉剂 350 倍液，或 97% 噁霉灵可湿性粉剂 3 000~4 000 倍液灌根，每 6~7 天灌 1 次，连续灌治 2~3 次。

二 黄瓜立枯病

【症状】

黄瓜立枯病自幼苗出土至移栽定植都可以发病，主要危害幼苗茎基部或地下根部。茎基部初呈暗褐色椭圆形病斑，并逐渐向里凹陷，边缘较明显。至茎部萎缩干枯后，瓜苗死亡，但不倒伏，潮湿时病斑处长有灰褐色菌丝。根部染病多在近地表根茎处，皮层变褐色或腐烂，开始发病时苗床内仅个别苗在白天萎蔫，夜间恢复，经数日反复后，病株萎蔫枯死。黄瓜立枯病发病初期与猝倒病

黄瓜立枯病

不易区别，但病情扩展后，病株不猝倒，死亡的植株是立枯不倒伏，故称为立枯病。其病部具轮纹或不十分明显的淡褐色蛛丝状霉，且病程进展较缓慢，这有别于猝倒病。

【病原】

立枯丝核菌 *Rhizoctonia solani* Kühn，属半知菌亚门真菌。

【发病规律】

病菌主要以菌丝体在病残体或土壤中越冬，可在土壤中腐生

2~3 年。病菌适宜土壤 pH 值为 3~9.5，菌丝能直接侵入寄主，病菌主要通过雨水、水流、带菌肥料、农事操作等传播。幼苗生长衰弱、徒长或受伤，易受病菌侵染。当苗床温度在 20~25 ℃时，湿度越大，发病越重。播种过密、通风不良、湿度过高、光照不足、幼苗生长细弱的苗床易发病。该病菌发育适温为 24 ℃，最低温度 13 ℃，最高温度 42 ℃。温度过高、播种留苗过密，易诱发此病。

【防治方法】

宜采取栽培技术防治与药剂防治相配合。

（1）种子处理。用种子质量 0.2% 的 40% 拌种双粉剂拌种，即每 1 000 克种子用 40% 拌种双粉剂 5 克拌种。

（2）药剂杀菌。可在播种前后用 40% 拌种双粉剂或 50% 多菌灵粉剂或 40% 根腐灵可湿性粉剂进行撒施。按每平方米苗床面积用药 4~5 克，兑细土 4~5 千克，施用方法同防治黄瓜猝倒病。也可用 97% 噁霉灵可湿性粉剂 3 000~4 000 倍液，在播种前后灌苗床，每平方米床面灌药水 3 千克。

（3）苗床管理。主要是及时放风、控温、排湿，防止苗床温度过高和湿度过大。

（4）药剂防治。发病初期，可喷淋 20% 甲基立枯磷（利克菌）乳油 1 000 倍液，或 30% 甲基硫菌灵悬浮剂 500 倍液，或 15% 噁霉灵水剂 600 倍液，或 5% 井冈霉素水剂 1 500 倍液，或 5% 武夷菌素水剂 100~150 倍液，或 50% 利得可湿性粉剂 800~1 000 倍液，或 30% 苗菌敌可湿性粉剂 800 倍液，或 30% 精甲·噁霉灵水剂 800~1 000 倍液等进行喷雾防治。

如果立枯病与猝倒病混合发生时，可用 72.2% 普力克水剂 1 000 倍液加 50% 福美双可湿性粉剂 1 000 倍液喷淋。每 7~10 天喷 1 次，连续防治 2~3 次。用防治猝倒病的其他农药防治立枯病也有效。

三 黄瓜根腐病

【症状】

黄瓜根腐病主要危害根部和靠近地面的茎部。开始发病时，病株根部呈水渍状，后呈浅褐色至黄褐色腐烂。茎基部发生萎缩，但不明显，随后根茎部腐烂处的维管束变褐色，不向上发展，有别于枯萎病。后期病部维管束呈丝状。地上部初期症状不明显，后期叶片中午萎蔫，早晚尚能恢复，数日后多数萎蔫枯死。

【病原】

瓜类腐皮镰孢菌 *Fusarium solani* (Mart.) App. et Wollenw. f. cucurbitae Snyder et Hansel，属半知菌亚门真菌。

黄瓜根腐病1

黄瓜根腐病2

黄瓜根腐病3

黄瓜根腐病4

【发病规律】

病菌以菌丝体、厚垣孢子或菌核在土壤中及病残体上越冬。尤其厚垣孢子可在土中存活5~6年或长达10年，成为主要侵染源。病菌从根部伤口侵入，后在病部产生分生孢子，借雨水或灌溉水传播、蔓延，进行再侵染。高温、高湿利其发病，连作地、低洼地或黏土地发病重，植株生长衰弱易发病，病菌从根部的伤口侵入。

【防治方法】

（1）与十字花科、百合科等作物实行3年以上轮作换茬。采用高畦栽培，深翻细耙整平，防止大水漫灌及雨后田间积水。苗期发病，须及时中耕松土，增强土壤通透性。

（2）发病初期，可用50%甲基托布津可湿性粉剂500倍液或根腐灵300倍液，或50%多菌灵可湿性粉剂500倍液喷洒或浇灌；或配制药土撒施在根茎处。

四　黄瓜沤根、烂根病

【症状】

　　黄瓜沤根、烂根病危害主要发生在黄瓜幼苗期，其特点是先沤根，后烂根、死苗。从受害地上部分看，苗体瘦弱，生长极为缓慢，晴天白天易萎蔫。由叶缘开始枯焦，发展为整叶皱缩、枯焦。检查根部可发现，不定根少，新根也发生少，根皮呈锈色腐烂，植株易拔起。发病严重的地块或苗床，瓜苗成片干枯。

黄瓜沤根、烂根病

【发病规律】

　　地温低于 12 ℃，且持续时间较长，再加上浇水过量或遇连阴雨天气，苗床温度和地温过低，瓜苗出现萎蔫，萎蔫持续时间一长，就会发生沤根。沤根后地上部子叶或真叶呈黄绿色或乳黄色，叶缘开始枯焦，严重的整叶皱缩、枯焦，生长极为缓慢。在子叶期出现沤根，子叶即枯焦；在 2 片真叶期发生沤根，这片真叶就会枯焦，因此从地上部瓜苗表现可以判断发生沤根的时间及原因。长期处于 5~6 ℃低温，尤其是夜间低温，生长点停止生长，老叶边缘逐渐变褐，致瓜苗干枯而死。

【防治方法】

（1）加强苗床管理，避免苗床温度过低或湿度过大。要选择和建造采光好、增温快、保温性强的园艺设施。设置苗床育苗，即使在深冬遇寒流阴雪天气时，苗床土壤的夜间最低温度也不能低于 12 ℃，一般天气，夜间苗床土壤温度控制在 16 ℃左右。苗床畦面要平，在出苗期和苗期都要严防大水漫灌。

（2）适时掌握放风时间和通风量大小。放风时间长短和通风量大小关系着棚内栽培床或苗床温度、湿度的高低。一般是放风时间长，通风量大，利于棚内或苗床内排湿，而不利于保温；放风时间短，通风量小，利于大棚的保温，而不利于排湿。要根据不同季节和天气情况，适时拉揭和放盖草苫等不透明保温物，适时、适度放风，解决排湿与保温的矛盾。

（3）及时松土，提高床温。发生轻微沤根后，要及时对苗床松土。提高土温，散墒降低温度，待瓜苗长出许多新根后，再转入正常管理。

（4）高垄定植，覆盖地膜。高垄能提高土壤温度和便于垄间沟里浇水，浇沟洇垄，防治湿度过大。地膜覆盖既能减少土壤水分蒸发，降低棚内空气湿度，又可缩短放风、排湿的时间，有利于大棚保温，使棚内土壤温度提高，尤其是夜间土壤温度相对提高，从而利于瓜苗壮苗，防止发生沤根。

五　嫁接黄瓜根腐病

【症状】

嫁接黄瓜根腐病表现为在嫁接第1个月内发育正常，摘心后至收获期开始发病。接穗黄瓜病情进展较缓慢，初期叶片失去活力，晴天中午叶片萎蔫，早、晚或阴天恢复原状，持续数天后下部叶片开始枯黄，且逐渐向上扩展，抑制侧枝生长致黄瓜发育不良，用作砧木的黑籽南瓜茎基部呈水渍状变褐腐烂，致全株枯死。发病轻的外部病症不明显，黑籽南瓜和黄瓜的维管束也未见变色，但细根变褐腐烂，主根和支根一部分变为浅褐色至褐色，严重的根部全部变为褐色或深褐色，后细根基部发生纵裂，且在不整形的纵裂中间产生灰白色的黑带状菌丝块，在根皮细胞可见密生的小黑点。

【病原】

拟茎点霉 *Phomopsis* sp.，属半知菌亚门真菌。

【发病规律】

该病菌在土壤及病残体上越冬，其厚垣孢子可在土壤中存活5~6年。病菌从根部的伤口侵入。高温、高湿条件下，连作、低洼地、土质黏重利于发病，植株生长衰弱也易发病。病菌发育适温为24~28 ℃，最高32 ℃，最低8 ℃，一般低温对病菌发育有利。该菌能侵染黄瓜、南瓜等葫芦科植物。拟茎点霉根腐病的病原为拟茎点霉菌，随病残体在土壤中越冬，15~30 ℃时均可发病，20~25 ℃时发病重。

【防治方法】

（1）所施有机肥料都要经过充分发酵腐熟，还可利用酵素菌沤制堆肥，施用绿丰生物肥和采用配方施肥技术，减少氮素化肥施用量，都可起到减少病原菌侵染、增强植株抗病力，从而有效抗病的作用。

（2）高温闷棚消毒。在冬暖塑料大棚内建好苗床（根砧苗床、接穗苗床、嫁接苗栽植苗床）后，在播种前选择连续晴日时严闭大棚，高温闷棚3~5天，使棚内中午时土壤温度达40~50 ℃，空气温度高达60 ℃，可有效杀灭病菌。据报道，当土温为38~40 ℃时，此病菌在土壤中经24小时死亡；在42 ℃时，经6小时死亡；48~51 ℃时，只需10分钟即可死亡。故此，高温闷棚对棚内苗床消毒灭菌的效果良好。

（3）药剂防治。发病初期，可用25%强力苯菌灵乳油1 000倍液加"克旱寒"500倍液（先将25%强力苯菌灵乳油1 000倍，然后再将此药水按500倍兑上"克旱寒"增产剂）；或用50%强力苯菌灵可湿性粉剂1 500倍加"克旱寒"500倍液；70%甲基硫菌灵1 000倍液（甲基托布津·甲基多保安·红日强力杀菌剂）加72%农用链霉素3 000倍液，再加上"克旱寒"500倍液来配药水。防治此病的关键在于早灌药水，每株灌兑好的药水250毫升，每7~8天灌1次，连续灌2次，防效可达98%以上。尤其是当棚内发现拟茎点霉根腐病零星病株时，就要对全棚所有植株灌一遍药水，可起到预防此病继续发生蔓延的作用。

六　黄瓜霜霉病

【症状】

黄瓜霜霉病主要表现在叶片上，苗期子叶上出现褪绿点，逐渐呈枯黄色不规则的病斑，在潮湿条件下，子叶背面产生灰黑色霉层，子叶很快变黄、枯干。成株期真叶染病，叶缘或叶背面出现水浸状斑点，早晨尤为明显，病斑扩大后受叶脉限制，呈多角形、黄绿色，后变为淡褐色。后期病斑汇合成斑块，甚至成片，全叶干枯，叶片正面卷缩，潮湿条件下，叶背面病斑上生出淡紫色至灰黑色霉层，病叶由下向上发展，严重时全株叶片枯死。

黄瓜霜霉病1　　　　　　　　黄瓜霜霉病2

黄瓜霜霉病3

黄瓜霜霉病4

黄瓜霜霉病5

黄瓜霜霉病6

近几年，早春大棚黄瓜生长后期，叶片正面出现病斑，灰白色，不受叶脉限制，呈圆形或不规则的多边形，较小不连片，分布密集。也有植株的发病从叶片叶缘开始，呈多边形由外向内扩展，后期叶缘干枯、卷曲。

【病原】

古巴假霜霉菌 *Pseudoperonospora cubensis* (Berk.et Curt.) Rostov，属鞭毛菌亚门真菌。

【发病规律】

该病菌的孢子囊靠气流和雨水传播。高湿是黄瓜霜霉病发生传播的重要条件，病菌产生孢子囊需要 83% 以上的空气湿度，孢子囊萌发和侵入叶片，都需要水滴或水膜，因此，叶片上的水滴或水膜是霜霉病发生的决定性因子。温度决定了黄瓜霜霉病菌潜伏期的长短，日平均气温为 15~16 ℃，潜伏期约为 5 天；气温为 17~18 ℃，潜伏期约为 4 天；气温为 19~24 ℃，潜伏期约为 3 天。当气温低于 15 ℃或高于 30 ℃时，对病菌孢子囊萌发有一定的抑制作用。可在保护地内越冬，翌年春传播。

【防治方法】

黄瓜霜霉病作为典型的气传病害，生产过程中一定注意勤观察、早预防。

（1）选用抗病品种。与非葫芦科作物实行 3 年以上轮作，增施有机肥料，合理控制肥水，调控平衡营养生长与生殖生长的关系，促进瓜秧健壮；要坚持连续、多次喷洒叶面肥，提高黄瓜植株的抗病能力。

（2）生态防治。首先要调控好温室内的温度与湿度，要利用温室封闭的特点，创造一个高温、低湿的生态环境条件，控制霜霉病的发生与发展。温室内，夜间空气相对湿度多高于 90%，清晨揭去草苫后，要随即开启通风口，通风排湿，降低室内湿度，并以较低的温度控制病害发展。上午 9 时后室内温度上升加速时，关闭通风口，使室内温度快速提升至 34 ℃，并要尽力维持在 33~34 ℃，以高温降低室内空气湿度和控制霜霉病发生。下午 3 时后逐渐加大通风口，加速排湿。覆盖草苫前，如果室温不低于 16 ℃，须尽量加大通风口；若温度低于 16 ℃，则须及时关闭通风口进行保温。放下草苫后，可于 22 时前后再次从草苫的下面开启通风口（通风口开启的大小以清晨室内温度不低于 10 ℃为限），通风排湿，降低室内空气湿度，使环境条件不利于黄瓜霜霉病孢子囊的形成和萌发浸染。如果黄瓜霜霉病已经发生并蔓延，可进行高温闷棚处理。具体方法：在晴天的清晨先通风浇水、落秧，使黄瓜瓜秧生长点处于同一高度，上午 10 时，关闭风口，封闭温室，进行提温。注意观察温度（从顶风口均匀、分散吊放 2~3 个温度计，吊放高度与生长点同），当温度达到 42 ℃时，开始记录时间，维持 42~44 ℃达 2 个小时后逐渐通风，缓慢降温至 30 ℃，可比较彻底地杀灭黄瓜霜霉病菌与孢子囊。

要注意，高温闷棚只适用于黄瓜植株生长旺盛、健壮且略带旺长趋势的棚室。闷棚前一天必须浇大水，并适当控制稍高些的夜温，尽量使地温与气温差距不过大。闷棚时温度不能低于 42 ℃，也不能超过 48 ℃。放风时一定要缓慢加大放风口，使室温慢慢下降。高温闷棚多杀死分散在黄瓜叶片表面的病菌孢子，而侵入叶子里的病菌孢子则往往得以生存下来。因此，还需要结合用药进行控制，可在闷棚前一天浇水前喷一次普力克或金雷等药剂。另外，在霜霉病暴发时，第一次闷棚后的 5 天左右还需要进行一次闷棚，这样才可以全面控制棚室的病原菌。

（3）采用补施二氧化碳和配方施肥技术防治。日出后向棚内释放二氧化碳,使棚内二氧化碳含量在晴天保持 1 000 毫克 / 千克,阴天保持 500~700 毫克 / 千克,有利于增强植株光合效率,减轻霜霉病的发生。在黄瓜生育后期,植株体内汁液氮糖含量下降时,宜于叶面喷施 0.4%~0.5% 的尿素加 0.2%~0.3% 的磷酸二氢钾,能迅速增加叶片糖氮总含量,显著提高叶片生理抗病能力。

（4）药剂防治。棚内空气湿度较大时,宜采用粉尘剂和烟雾剂。发病初期宜采用 2% 杜邦克露 800 倍液 +80% 乙膦铝 500 倍液,72.2% 普力克 700 倍液、72% 霜疫力克 600~800 倍液、80% 乙膦铝 500 倍液 +64% 杀毒矾 500 倍液,以及 50% 烯酰吗啉可湿性粉剂 1 000~1 500 倍液,25% 嘧菌酯悬浮剂 1 500~2 000 倍液,或 71% 乙铝·氟吡胺水分散粒剂 1 000~1 200 倍液,或 70% 氟吡菌胺·霜脲氰水分散粒剂 15~20 克 / 亩等,每 5~7 天 1 次,交替喷雾防治,提高植株的抗病性能和防治效果。

1）喷粉尘剂。用 5% 百菌清粉尘剂或 10% 多百粉尘剂或 10% 防霉灵粉尘剂,于棚室内每亩每次用药 1 千克。喷粉必须在早晨或傍晚进行,喷前关闭通风口,喷后 1 小时可打开通风口通风。视黄瓜病情,每 8~10 天喷 1 次,一般连续喷 3~4 次。

2）喷烟雾剂。每亩用 45% 百菌清烟剂 200~250 克进行熏烟,即在中心病株初见时立即熏烟防治。傍晚闭棚后,将烟剂分为 4~5 份,均匀置于棚室中间,用暗火点燃,从棚室一头点起,着烟后关闭棚室,熏一夜,次日早晨通风。隔 7 天熏 1 次,视黄瓜病情决定熏烟次数,一般熏 3~5 次。为有效控制高湿气传病害,中国农科院蔬菜花卉所研发了弥粉法施药,省时省力,安全高效。其中中蔬微粉 401 配合中蔬微粉黄瓜套餐,对于防控黄瓜霜霉病效果十分显著。

七 黄瓜灰霉病

【症状】

黄瓜灰霉病主要危害黄瓜的茎、叶、花、果，造成烂苗、烂花、烂果，潮湿时病部产生灰白色或灰褐色的霉层。常使叶片上形成大型病斑，并有轮纹，边缘明显，表面着生少量灰霉。茎蔓发病严重时，下部的节腐烂，致使茎蔓折断，植株死亡。

黄瓜灰霉病1

【病原】

灰葡萄孢菌 *Botrytis cinerea* Pers.ex Fr.，属半知菌亚门真菌。

【发病规律】

病原菌以菌丝、分生孢子及菌核附着于病残体上或遗留在土壤中越冬，靠风雨及农事操作传播，黄瓜结瓜期是病菌侵染和发病的高峰期。光照不足、高湿和低温条件是灰霉病发生蔓延的重要条件。灰霉病发育适温为 18~23 ℃，最低温度 14 ℃，最高温度 30~32 ℃，相对湿度为 90% 以上。冬、春季节连阴或雪雨天气，光照不足，棚温 10~15 ℃，湿度大，结露持续时间较长，放风不及时，灰霉病发生严重。苗期、花期较易感病，萎蔫的花瓣和较老的叶片尖端坏死部分最容易受侵染。

黄瓜灰霉病2

黄瓜灰霉病3

【防治方法】

采取生态防治，结合初发期用药防治。药剂防治宜采用烟雾法、粉尘法、喷雾法交替轮换施药技术。

（1）及时清除田间杂草和病残体。收获后期彻底清除病株残体，土壤深翻20厘米以上，将表土遗留的病残体翻入底层，减少棚内初侵染源。苗期、瓜膨大前及时摘除病花、病瓜、病叶，带出大棚、温室深埋，减少再侵染的病源。

（2）加强栽培管理。增施有机肥料都必须在撒施前两个月洒水拌湿堆积，盖上塑料薄膜充分发酵腐熟。撒施有机肥料作基肥，深耕翻地30厘米，以减少初侵染源。在大棚黄瓜定植前15天，先于棚内全面喷洒86.2%铜大师1 200倍液后，选择连续5~7天的晴朗天气，严闭大棚，高温闷棚，使棚内中午前后的气温达60 ℃以上，可杀灭病菌。然后通风降温至25~30 ℃时，起垄定植，地膜覆盖栽培，须整个栽培地面全盖地膜。在栽培管理上，要加强增光、通风排湿，防止光照太弱、湿度过大，切忌阴天浇水。

（3）生态防治。晚秋至早春利于灰霉病的发生、蔓延，应于棚内北墙面上张挂镀铝反光幕，增加棚内反射光照；勤于擦拭棚膜除尘，保持棚膜采光性能良好；放置二氧化碳发生器，上午定时释放二氧化碳，补充棚内二氧化碳的不足。可创造高温和相对低湿的生态环境，抑制病菌的滋生蔓延。具体方法：晴日上午适时早揭草苫等保温物，争取增加光照时间，当上午和中午棚内气温升至 35~40 ℃，并持续两个小时后才开天窗放风排湿。当棚内气温降至 24 ℃时，关闭通风口，停止通风排湿。下午当棚内气温降至 20~21 ℃时，覆盖草苫等保温物。调整棚内空气湿度，上午由 80% 左右降至 70%，下午由 70% 继续降至 65%；夜间由 70% 升至 85%。每天棚内气温高于 32 ℃的时间达 2~3 小时，可有效抑制病菌滋生蔓延。

（4）药剂防治。棚室黄瓜在发病初期，宜采用烟雾剂或粉尘剂防治：用 40% 百扑烟剂（百菌清·扑海因）或 40% 百速烟剂（百菌清·速克灵）或 45% 百菌清烟剂或 10% 速克灵烟剂。每亩每次用 250~350 克，熏烟 4~6 小时，每 7 天左右熏 1 次，连续熏 2~3 次。也可采用 10% 灭克粉尘剂或 10% 灭霉灵粉尘剂或 5% 百菌清粉尘剂，于傍晚闭棚后喷粉，每亩每次用 1 千克，每 8~10 天喷粉 1 次，连续或和其他防治方法交替使用 2~3 次。

可用 50% 速克灵（腐霉利）可湿性粉剂 1 500~2 000 倍液，或 50% 扑海因可湿性粉剂 1 000~1 500 倍液，或 50% 苯菌灵可湿性粉剂 1 000 倍液，或 52% 菌霉灵或 40% 菌核净可湿性粉剂 1 000~1 500 倍液，或 52% 农利灵或 86.2% 铜大师可湿性粉剂 1 200~1 400 倍液，或 21% 克菌星乳油 400 倍液。或每亩 25% 啶菌噁唑·啶酰菌胺悬浮剂 67~93 毫升，或每亩 38% 唑醚·啶酰菌水分散粒剂 40~60 克，每 7~10 天喷 1 次，连续喷 2~3 次。

八　黄瓜白粉病

【症状】

黄瓜白粉病俗称白毛，系常发性病害，以叶片受害最重，其次是叶柄和茎，一般不危害果实。发病初期，叶片或背面产生白色近圆形的小粉斑，逐渐扩大成边缘不明显的大片白粉区，布满叶面，好像撒了层白粉。抹去白粉，可见叶面褪绿，枯黄变脆。发病严重时，叶正面布满白粉，变成灰白色，直至整个叶片枯死。白粉病侵染叶柄和嫩茎后，症状与叶片上的相似，但病斑较小，粉状物也少。在叶片上开始产生黄色小点，而后扩大发展成圆形或椭圆形病斑，表面生有白色粉状霉层。一般情况下，下部叶片比上部叶片多，叶片背面比正面多。霉斑早期单独分散，后联合成一个大霉斑，甚至可以覆盖全叶，严重影响光合作用，使正常新陈代谢受到干扰，造成早衰，黄瓜产量受到损失。

黄瓜白粉病1

黄瓜白粉病2

【**病原**】

有性态二孢白粉菌 *Erysiphe cichoracearum* DC，属子囊菌亚门真菌。无性态单丝壳白粉菌 *Sphaerotheca fuliginea*（Schlecht）poll，属半知菌亚门真菌。

【**发病规律**】

本病菌以闭囊壳随病残体在保护地种植瓜类作物上越冬，南方地区以菌丝体或分生孢子在寄主上越冬、越夏。翌年条件适宜时，分生孢子萌发，借助气流或雨水传播到寄主叶片上。保护地栽培黄瓜因通风不良、栽培密度过高、氮肥施用过多、田块低洼而发病较重。病菌借气流传播，条件合适时可进行多次再侵染，在植株生长中、后期容易发生。空气干燥的环境中发病重。在16~24 ℃的适宜温度和75%相对湿度下，有利于白粉病的发生和流行。高温、高湿又无结露或管理不当，黄瓜生长衰败，则白粉病发生严重。

【防治方法】

（1）选用抗病、耐病品种。如中农 201、中农 10 号、津春 3 号、津春 4 号、津优 2 号、郑黄三号、东方明珠、津绿 3 号、津绿 4 号等品种，可因栽培茬次和品种的熟性，因地制宜选用。增施磷钾肥，以提高植株的抗病力。注意棚室通风、透光、降湿。

（2）生物防治。可用 2% 武夷菌素水剂 150~200 倍液，或 2% 农抗 120 水剂 200 倍液，于发病初期开始喷洒，每 6~7 天喷洒 1 次，连续喷洒 2~3 次，防效达 90% 以上。

（3）物理防治。可用 27% 高脂膜乳剂 80~100 倍液或巴姆兰乳剂 500 倍液，于发病前或发病初期喷洒于叶片上，形成一层薄膜，既防止病菌侵入，又造成缺氧条件，使白粉菌死亡。每 5~7 天喷洒 1 次，连续喷 2~3 次。

（4）用烟剂法防治。在定植前 7~15 天，用硫黄熏烟，每 100 平方米用硫黄粉 250 克、锯末 500 克，将其掺匀后，分别装入小塑料袋分放在棚室内，将棚室密闭，于傍晚点燃熏烟，持续 1 晚，即可将棚内白粉病菌熏杀灭。定植后，可用 45% 百菌清烟剂，每亩每次用 200~300 克；或 30% 灰霉一熏净烟剂，每亩每次用 300~400 克；或 25% 百一扑烟剂，每亩每次用 250~300 克，于傍晚点上暗火，严闭大棚熏烟。

（5）药剂防治。发病初期，可选用以下药剂喷洒。可每亩用 40% 苯甲·吡唑酯水分散粒剂 20~30 克，或 40% 敌唑酮 400 倍液，或 50% 硫黄悬浮剂 250 倍液，或 40% 粉必清胶悬剂 200 倍液，或 25% 强力苯菌灵乳剂 800~1 000 倍液，或每亩 25% 肟菌酯·乙嘧酚磺酸酯乳油 18~28 毫升。每 6~8 天喷 1 次，交替轮换用药，连续喷洒 3~4 次。

九 黄瓜白绢病

【症状】

黄瓜白绢病主要危害植株近地面茎基部或下部瓜条。茎部受害后，初期呈暗褐色，表面长出辐射状白色菌丝体，边缘明显，高湿时，菌丝蔓延到根部周围或靠近地表的瓜条上。发病后期，病部生出许多菌核，菌核似萝卜籽大小，茶褐色。病部腐烂后，致植株萎蔫或枯死。

【病原】

齐整小核菌 *Sclerotium rolfsii* Sacc，属半知菌亚门真菌。

【发病规律】

条件适宜，菌核萌发产生菌丝，从寄主茎基部或根部侵入，潜育期 3~10 天，出现中心病株后，地表菌丝向四周蔓延。高温、高湿条件利于菌核萌发，高温季节、连作地、酸土地或砂土地发病重。此菌生长的最适温度为 30 ℃。

【防治方法】

（1）本病系土传病害，防治以播种前土壤灭菌消毒为主，发病初期药剂喷雾为辅。调节土壤酸碱度，每亩施消石灰 100~150 千克，把土壤调至中性或偏碱性。大量施用充分发酵、腐熟的有机肥料，将有机肥与钙镁磷肥混拌后作基肥。

（2）药剂防治。将 15% 粉锈宁或 50% 甲基立枯磷可湿性粉剂 10 份、细干土 200 份混合拌匀，在瓜苗定植时，于封穴之前将药土撒于病部根茎处。或在发现病株时，将药土撒于病部根茎

黄瓜白绢病

处。或定植后，在覆膜之前，喷 20% 甲基立枯磷乳油 1 000 倍液，要集中喷淋植株茎基部发病处及其周围表土，然后覆盖地膜。刚发现极少数病株时，要及时拔除，集中烧毁，病株处的地面撒上生石灰，以消毒灭菌。如果定植覆盖地膜后发生黄瓜白绢病，要往植株茎基处的膜孔下喷淋 20% 甲基立枯磷乳油 1 000 倍液，每 7~10 天喷淋 1 次，连续喷淋 2~3 次。

十 黄瓜枯萎病

【症状】

黄瓜枯萎病在整个生长期均能发生。苗期发病时，茎基部变褐缢缩、萎蔫下垂。幼苗出土前就可造成腐烂，或出苗不久子叶出现失水状，萎蔫下垂（猝倒病是先猝倒后萎蔫）。开花结果后发病时，初期受害植株表现为部分叶片或植株的一侧叶片，中午时萎蔫下垂，似缺水状，但早、晚恢复，数日后不能再恢复而萎蔫枯死。病株主蔓茎基部纵裂，撕开根茎病部，维管束变黄褐至黑褐

黄瓜枯萎病

色并向上延伸。潮湿时病部表面产生白色至上有粉红色霉状物，最后病部变成丝麻状，病株易被拔起。

【病原】

尖镰孢菌黄瓜专化型 *Fusarium oxysporum* f. sp. cucumerinum J.H. Owen，属半知菌类真菌。

【发病规律】

病菌以菌丝体、菌核和厚垣孢子在土壤、病残体和种子上越

冬，在土壤中可存活 5~6 年或更长的时间，病菌随种子、土壤、肥料、灌溉水、昆虫、农具等传播，通过黄瓜根部伤口侵入。重茬次数越多，病害越重。土壤高湿、根部积水、高温有利于病害发生，氮肥过多、有机肥未腐熟、土壤过分干旱或土质黏重和酸性、地下害虫和根结线虫多的地块病害发生情况更严重。

【防治方法】

（1）对黄瓜枯萎病的防治应以农业综合防治为主，选用抗病品种。选用无病新土育苗，采用营养钵或塑料套分苗。与非瓜类作物实行 5 年以上的轮作。

（2）嫁接栽培。采用白籽南瓜、黄籽南瓜或南砧 1 号为砧木，以优良黄瓜品种作接穗嫁接。栽培嫁接苗，是防治瓜类蔬菜枯萎病和根结线虫的最有效方法。采用嫁接苗，防治枯萎病效果达99% 以上。

（3）种子处理。用 55~60 ℃的温汤浸种 10 分钟，再用 50% 多菌灵可湿性粉剂 500 倍液或云大禾富 2 000 倍液浸种 1 小时，或用 40% 甲醛 150 倍液浸种 1.5 小时，然后用清水冲洗干净，再催芽、播种，或将种子以 70 ℃恒温灭菌 72 小时后再播种。

（4）土壤消毒。用无病新土和经过充分发酵、腐熟的有机肥料配制营养土，使用营养钵育苗，既可减少染菌，又减少伤根。具体使用方法：每平方米畦面施 50% 多菌灵可湿性粉剂 8 克，将药剂与 8 000 克细干土混拌匀（兑细干土 1 000 倍），播种前撒铺1/3，播种后撒盖 2/3。兑细干土要适量，以防产生药害。或每亩用消菌灵水溶剂 40 克兑水 60~80 千克（1 500~2 000 倍），喷淋苗床土壤。或每亩用 50% 多菌灵可湿性粉剂 24 千克，混入细干土拌成药土，施于定植穴内，并与穴内土壤掺匀，然后定植浇水。或每亩用土壤消毒王 0.5 千克掺上细干土 5~10 千克，定植前撒施于穴内，喷淋土壤，尤其是喷淋定植穴内的土壤，有灭菌特效。

（5）加强栽培管理。培土不可埋过嫁接切口，栽前多施基肥，采根瓜后应适当增加浇水，盛瓜期小水浸浇，少量多次。每亩每次追肥8~10千克全营养水溶性冲施肥，促进植株健壮生长，推迟黄瓜结瓜时间。

（6）开展预防性药剂防治。可选用20%喹菌酮可湿性粉剂1 000~1 500倍液，或60%三氯异氰尿酸可湿性粉剂1 000~1 500倍液，或47%春雷·王铜可湿性粉剂600倍液，于发病初期或生长期喷淋茎基部。

（7）药剂防治。必须掌握早喷药防治，发病初期交替施用下列药剂之一灌根：50%施保功可湿性粉剂800倍液，或60%百泰水分散粒剂1 500倍液，或43%好力克悬浮剂3 000倍液，或25%凯润乳油3 000倍液，或50%多菌灵可湿性粉剂500倍液，或10%苯醚甲环唑水分散粒剂1 500倍液，或70%甲基托布津可湿性粉剂400倍液，或10%双效灵水剂300倍液，或农抗120的100倍液等，每株灌0.25千克药液，每5~7天灌1次，连续灌2~3次。

十一 黄瓜菌核病

【症状】

黄瓜菌核病在苗期至成株期均可发病，以距地面5~30厘米发病最多，主要伤害果实和茎蔓。在叶片上初期表现为大型水浸状病斑，容易破裂，后期颜色变为淡绿或淡褐色，严重的时候整个叶片会萎蔫坏死。幼苗发病时在近地面幼茎基部出现水浸状病斑，很快病斑绕茎一周，幼苗猝倒。茎蔓部被害，前期有时会伴随流胶现象，开始产生褪色水浸状病斑，后逐渐扩大呈淡褐色。高湿条件下，病茎软腐；长出白色棉絮状菌丝体，茎表皮和髓腔内形成坚硬菌核，植株枯萎。感病的花脱落后落到植株茎秆上、叶片上后，会导致这些部位感病。果实上出现水浸状病斑，扩大后呈湿腐状，表面出现密生白色棉絮状菌丝体。发病后期，发病部位表面出现数量不等的黑色鼠粪状菌核。

黄瓜菌核病1

黄瓜菌核病2

【病原】

核盘菌 *Sclerotinia sclerotiorum*（Lib.）de Bary，属子囊菌亚门真菌。

【发病规律】

菌核会遗留在土中或混杂在种子中越冬或越夏，当来年气温与环境适宜时，便产生子囊盘和子囊孢子，成为田间的初侵染源。混在种子中的菌核，以气传的分生孢子从寄生的花和衰老叶片侵入，以分生孢子和健康植株接触进行再侵染。以带菌土壤育苗，会造成幼苗带菌传播。当温度较低、湿度相对高于85%时，利于菌核病的发生与流行。连年种植葫芦科、茄科及十字花科蔬菜的田块发病较严重，同时在排水不良的低洼地或者偏施氮肥或土壤肥力较低、土壤板结、遭遇霜害或冻害，易引起菌核病的发生与流行。

黄瓜菌核病3

【防治方法】

（1）种子和土壤消毒。用 50 ℃温水浸种 30 分钟，或播前用 40% 五氯硝基苯配成药土，每亩用药 1 千克，加细土 15~20 千克，施药土后播种。

（2）连作棚室高温闷棚。上茬残落在棚室土壤里的菌核病菌是下茬病害防病的主要源头，利用夏季休棚期进行高温闷棚，棚室温度可达 60~70 ℃，土壤温度也能达到 40~50 ℃，持续闷棚 10~15 天，可有效杀死土壤中的菌核病菌。

（3）及时清洁田园。在黄瓜生长中、后期感病后，及时摘除病叶、老叶和病果，并移出田外深埋，减少菌源。茬口结束后，也应清理病原菌侵染的残枝败叶，然后再拉秧，降低菌源掉入土壤的机会。

（4）深翻土壤，地膜覆盖。深翻土壤，将菌核埋入土层深处。覆膜可减少子囊孢子弹射，降低初侵染率，抑制病害的发生。播种前用 10% 的盐水浸种 2~3 次，以清除菌核。

（5）合理控制温度与湿度。发病时要适当控制浇水，浇水、喷药的时间尽量安排在上午进行，并在其后扣棚提温、放湿，降低棚室内的湿度。在冬季气温较低的时段，应适当提高夜温，同时缩短放风时间。必要时增加覆盖物或增加白炽灯、热风装置，提高夜间的棚温，改善温室低温、高湿的条件。

（6）生态防治。棚室上午以提温为主，下午及时通风、排湿。早春白天温度控制在 28 ~30 ℃，相对湿度低于 65%，浇水量要小，避免土壤湿度过大。

（7）药剂防治。若棚室发病，可采用熏烟和喷粉尘法防治。遇连续阴天发病时，可用 10% 腐霉利烟剂或 45% 百菌清烟雾剂，每亩用量 200 克，于傍晚均匀布点，闭棚熏 1 夜，每 5~7 天喷 1 次，连续防治 2~3 次。或用 10% 速克灵烟剂或 45% 百菌清烟剂，每亩每次施用 250 克，熏 1 夜，每 8~10 天 1 次，连续交替防治 3~4 次。

　　发病初期，可用 60% 百泰水分散粒剂 1 000 倍液，或 50% 速克灵可湿性粉剂 1 500 倍液，或 50% 扑海因可湿性粉剂 1 500 倍液，或 43% 好力克悬浮剂 3 000 倍液，或 50% 凯泽水分散粒剂 1 000 倍液，或 50% 乙烯菌核利水分散粒剂 1 000 倍液，或 50% 腐霉利可湿性粉剂 1 000 倍液，或 50% 乙烯菌核利悬浮剂 1 000 倍液，或 50% 百·菌核可湿性粉剂 750 倍液喷雾，每 7~10 天喷 1 次，连续喷 2~3 次。也可以用 50% 速克灵可湿性粉剂 50 倍液涂抹发病部位。

十二　黄瓜炭疽病

【症状】

黄瓜从幼苗到成株皆可发生炭疽病。幼苗发病，多在子叶边缘出现半椭圆形淡褐色病斑，上有橙黄色点状胶质物。茎部发病，近地面基部变黄褐色，渐细缩，后折倒。叶片染病，病斑近圆形，直径为4~18毫米，灰褐色至红褐色，严重时，叶片干枯。茎蔓与叶柄染病，病斑椭圆形或长圆形，黄褐色，稍凹陷，严重时病斑连接，绕茎一周，植株枯死。瓜条染病，病斑近圆形，初为淡绿色，后成黄褐色，病斑稍凹陷，表面有粉红色黏稠物，后期开裂。

【病原】

瓜类炭疽菌 *Colletotrichum orbiculare*（Brek. & Mont.）V.Arx，属半知菌亚门真菌。

黄瓜炭疽病1

黄瓜炭疽病2

【发病规律】

病菌以菌丝体或拟菌核在种子上或随病残体在田间越冬，病菌主要以分生孢子通过风雨和灌水传播。病菌发病温度范围为12~29 ℃，相对湿度高于85%，发病重。湿度是诱发炭疽病的决定性环境条件，尤其在早春，塑料大棚温度低、湿度高，叶面结露易致流行发病。病菌可随雨水传播，温室大棚如果通风不良、闷热，早上叶片结露水最易使侵染流行。露地栽培，在春末夏初的多雨季节病情严重。植株衰弱、田间积水过多、氮肥施用过多等都易致炭疽病的发生。

【防治方法】

（1）选用抗病品种。从无病株、无病果的植株上采收种子，播种前对种子进行温汤浸种，并用50 ℃温汤浸种30分钟，或用55~60 ℃温汤浸种10~15分钟，或用10%咯菌腈悬浮剂50毫升拌种50千克，晾干后即可催芽或直播。

（2）栽培防病。与非葫芦科作物实行2年以上轮作。对苗床进行土壤消毒，减少土壤初传染。采用地膜覆盖、膜下灌溉、降低棚室湿度的方法，使棚内湿度保持在70%以下，减少叶面结露和吐水。适当增加磷、钾肥以提高植株抗病性，推迟黄瓜持续结果期。及时摘除病株下部老、黄叶，清除田间杂草，采收应在早晨无露水时进行，减少人为传播蔓延。

（3）药物防治。发病初期，可用10%苯醚甲环唑水分散粒剂1 500倍液，或75%肟菌酯·戊唑醇水分散粒剂3 000倍液，或30%苯甲·嘧菌酯悬浮剂1 500倍液，或50%扑海因可湿性粉剂1 000倍液，或50%速克灵可湿性粉剂1 000倍液，或70%甲基托布津可湿性粉剂600~800倍液，或40%施佳乐悬浮剂1 200倍液，或65%甲霉灵可湿性粉剂1 000~1 500倍液等药剂进行喷雾防治。

如遇阴天,塑料棚或温室采用烟雾法,可用5%万霉灵粉尘剂喷粉,每亩1 000克;或25%灰霉清烟雾剂熏蒸,每亩300~400克。每9~11天熏1次,连续或交替使用。也可于傍晚喷撒克霉灵(美帕曲星)粉尘剂或5%百菌清粉尘剂,每亩每次施用1千克。

十三 黄瓜花腐病

【症状】

保护地黄瓜和露地黄瓜均可发生花腐病，多从开花期至幼果期开始，在膨大发育成大果后，很少再发生。发病初期主要表现为黄瓜花和幼果发生水浸状湿腐，病花变褐色、腐败，病菌从花蒂部（花柄末段处）侵入幼瓜后，向幼瓜上扩展，致病瓜外部逐渐变褐色，表面可见白色茸毛状物，高湿时可见瓜病部出现黑色针头状物。在高温、高湿条件下，病情迅速蔓延，干燥时半个果实变褐色，降低黄瓜商品性。

【病原】

瓜笋霉 *Choanephora cucurbitarum* (Berk. et Rav.) Thaxt，属接合菌亚门真菌。

黄瓜花腐病

【发病规律】

露地黄瓜花腐病以菌丝体或接合孢子留在土壤里，或随病残体落入有机肥料里，通过施肥或风雨或土壤，传播到棚室保护地内，使棚室黄瓜发生花腐病。发病后病部长出大量孢子，借风雨或昆虫传播。棚室黄瓜若植株生长势弱，遇有高温、高湿条件易发生花腐病，或日照不足、雨后或灌后积水，造成整枝伤口多，也易发生此病。

【防治方法】

（1）可以与十字花科、非瓜类等作物实行 3 年以上轮作换茬。增施充分发酵、腐熟的有机肥料，采用配方施肥技术喷施叶面肥，培育壮株，增强抗病性。

（2）加强棚室环境田间管理。白天应保持温度为 23~28 ℃，夜间 13~15 ℃，空气相对湿度为 80%。采取起垄定植、地膜覆盖、膜下暗灌等措施，减少土壤水分蒸发，控制棚内的空气湿度。浇沟洇垄，控制浇水量，防止积水，避免土壤湿度过大。勤擦拭棚膜，增加棚膜透光性，张挂镀铝反光幕，增加棚内反射光照，适时早揭、晚盖草苫等保温覆盖物，延长日照时数；整枝吊蔓，改善透光通风条件，及时掐掉残余花瓣和病瓜并深埋，从而创造不利于花腐病菌发生侵染的生态条件。

（3）药剂防治。在花期和幼瓜期开始喷药防治，可选择下列药剂之一交替使用：用 69% 安克锰锌可湿性粉剂 500 倍液，或 50% 苯菌灵可湿性粉剂 1 500 倍液，或 20% 菜菌克乳油 1 000~1 500 倍液，或 75% 百菌清可湿性粉剂 600 倍液，或 70% 代森锰锌可湿性粉剂 500 倍液，或 64% 杀毒矾可湿性粉剂 500 倍液，或 50% 扑海因可湿性粉剂 1 000 倍液，或 60% 防霉宝超微可湿性粉剂 800 倍液等药剂进行喷雾，每 8~10 天喷洒 1 次，连续防治 2~3 次。采收前 3~5 天停止用药。

十四 黄瓜黑星病

【症状】

黄瓜黑星病在黄瓜整个生育期均可发病，其中嫩叶、嫩茎、幼瓜易感病。种子带菌是苗期发病的主要侵染源，真叶较子叶敏感，出苗后，子叶受害，产生黄白色近圆形斑。真叶发病，产生黄白色近圆形斑，后变暗褐色，穿孔开裂，随着发病时间的延长，病斑数量增多、穿孔扩大，叶片发生扭曲，湿度大时长出灰黑色霉层，严重时苗期生长点发病变褐，随后坏死。嫩茎发病，初现水浸状或暗绿色梭形斑，后变暗色，凹陷龟裂，穿孔开裂成星状。生长点附近叶染病后，3天内腐烂，造成无龙头。

成株期发病，在叶片呈现近圆形褪绿小斑点，病斑周围有黄色晕圈，进而扩大为2~5毫米淡黄色的病斑，边缘呈星纹状，干枯后呈黄白色。成株期茎秆发病症状与苗期相同，卷须受害处变深褐色至黑色，随后腐烂。

瓜条染病，发病初期表现为近圆形褪绿小斑点，病斑处溢出乳白色、透明的胶状物，不流失，后变为琥珀色，凝结成块，干结后易脱落。后病斑逐渐扩大、凹陷，胶状物增多，堆积在病斑附近，最后脱落。湿度大时，病部密生黑色霉层。接近收获期，病瓜暗绿色，有凹陷疮痂斑，后期变为暗褐色。空气干燥时龟裂，病瓜一般不腐烂。幼瓜受害，病斑处组织生长受抑制，引起瓜条弯曲、畸形，影响黄瓜的经济效益和商品性。

黄瓜黑星病1

黄瓜黑星病2

【病原】

瓜疮痂枝孢霉菌 *Cladosporium cucumerinum* Ell. et Arthur, 属半知菌亚门真菌。

【发病规律】

病菌以菌丝体或丝块随病残体在土壤中越冬，也可以分生孢子附着在种子表面或菌丝潜伏在种皮内越冬，亦可以黏附在棚室墙壁缝隙或支架上越冬。播种带菌种子，病菌可直接侵染幼苗。田间植株发病后，在适宜的条件下，病部产生大量分生孢子，分生孢子借气流、雨水和农事操作传播。温度与湿度条件都适宜时，分生孢子很快萌发，从伤口、气孔侵入或直接穿透表皮侵入。发育最适宜的温度为 20~22 ℃。相对湿度在 93% 以上才能产生分生孢子，而分生孢子萌发必须要有水膜 (滴) 存在。病菌喜弱光，在春天温度低、湿度大、透光不好的温室内发病早且严重。发病轻重与黄瓜连茬年限呈正相关关系。黄瓜植株长势，尤其前期长势与发病有密切关系，一般前期长势弱，易发病且发病重。黄瓜品种间抗病性存在一定的差异。种子带菌是发病的决定性因素。

【防治方法】

（1）加强检疫。加强检疫，选无病种子，严禁从疫区调运种苗，可有效预防黑星病的传播和蔓延。

（2）选用抗病品种。不同黄瓜品种之间对黑星病的抗性存在明显的差异，目前市场上已出现了高抗甚至对黄瓜黑星病免疫的品种。应根据当地条件选择适宜当地种植的抗病、优质、高产的黄瓜品种。

（3）种子处理。种子带菌是黑星病传播的重要途径，所以可在播种前对种子进行消毒处理。用 50 ℃的水浸种 30 分钟或 55~60 ℃的水浸种 15 分钟，取出冷却后拌种；或用 0.4% 的50% 多菌灵 700 倍液浸泡种子 1 小时，然后用清水冲洗后播种。

（4）加强棚室田间管理。冬季棚室气温低，要以加强保温、控湿为主。白天温度保持在 28~30 ℃，夜间保持在 15 ℃左右，相对湿度低于 90%，增加光照，促进黄瓜健壮生长。对棚室保护地要进行熏蒸消毒。方法是在棚室定植前 10 天，每立方米空间用硫黄 2.4 克和锯末 4.5 克拌均匀后，分放 4~5 处点燃，闭棚熏一夜。栽培时要起垄定植，覆盖地膜，降低棚内空气和土壤的湿度。合理密植，适当去掉老叶，并注意大棚的增光和通风。清除棚内病残体，带出棚外集中烧毁。

（5）药剂防治。喷药时以喷施幼苗及成株的嫩叶、嫩茎、幼瓜为主。发病初期，可用 50% 多菌灵可湿性粉剂 1 000 倍液加 70% 代森锰锌可湿性粉剂 1 000 倍液，或 50% 嘧菌酯水分散粒剂 1 500~2 000 倍液，或 40% 氟硅唑乳油 3 000 倍液，或 20% 腈菌·福美双可湿性粉剂 1 000~1 500 倍液，每 7~10 天喷 1 次。除杜邦新星在黄瓜生长中只能喷两次外，其他药剂最好交替使用，避免产生抗药性。

塑料大棚和温室可用 45% 百菌清烟剂每亩 200~250 克点燃放烟降低叶面酸度，可大大减轻黑星病的发生。

十五　黄瓜疫病

【症状】

黄瓜在整个生育期都可发疫病，主要伤害茎基部、叶片及果实。幼苗染病多发生于嫩尖处，初呈暗绿色水渍状萎蔫，随后逐渐干枯。成株发病多发生在茎基部或嫩茎节部，出现暗绿色水渍状，而后缢缩非常明显，甚至叶片萎蔫或全株枯死。叶片染病时呈圆形或不规则形水浸状大病斑，干燥时呈青白色，易破裂，病斑扩展到叶柄时，叶片下垂。瓜条或其他部位染病，初为水浸状暗绿色，逐渐缢缩凹陷。湿度大时，表面长出稀疏的白霉且腐烂快，发出腥臭味。

黄瓜疫病

【病原】

瓜疫霉菌 *Phytophthora melonis* Katsura，属鞭毛菌亚门真菌。

【发病规律】

黄瓜疫病以菌丝体、卵孢子随病残体在土壤或粪肥中越冬，翌年春长出孢子囊，借风雨和灌溉水传播、蔓延。在连作地、不及时清洁田园及施用未腐熟的有机肥条件下易发病。该病的病菌适应温度为 25~30 ℃，24 小时后即可发病，土壤水分大是此病流行的重要因素。因此，在夏季雨水多的年份或浇水过多时，发病早、传播蔓延快，危害严重。通常地势低洼、排水不良、浇水过多的黏土地及下水头发病重。

【防治方法】

（1）选用抗病品种，采用嫁接防病，可防疫病与枯萎病等土传性病害。每平方米用 8~10 克 25% 甲霜灵可湿性粉剂与适量细土拌匀，撒在苗床上。采用配方施肥技术，与非瓜类作物实行 5 年以上轮作。覆盖地膜，防止病菌侵染。加强田间管理，采用高畦栽植。在苗期控制浇水，进入结瓜盛期时要及时浇水，严禁雨前浇水。生产上要做到及时检查，发现病株，将其拔除并深埋。

（2）种子处理。 保护地大棚移栽前用 25% 甲霜灵可湿性粉剂 700 倍液喷淋地面，或 25% 甲霜灵可湿性粉剂 800 倍液浸种 30 分钟后，在 28~30 ℃的温度下进行催芽。

（3）药剂防治。在雨季来之前先预防。雨后发现中心病株，及时拔除后，立即用 70% 乙磷锰锌可湿性粉剂 500 倍液，或 60% 烯酰吗啉可湿性粉剂 2 000 倍液，或 72.2% 普力克水剂 600~700 倍液，或 72% 杜邦克露可湿性粉剂 700 倍液，或 50% 甲霜铜可湿性粉剂 600 倍液进行喷洒或灌根。也可用 60% 唑醚·代森联水分散粒剂每亩 600~700 克进行喷雾。每 7~10 天喷 1 次，根据病情变化进行防治，连续防治 3~4 次。

十六　黄瓜褐斑病

【症状】

黄瓜褐斑病主要伤害黄瓜叶片，一般在黄瓜结瓜盛期开始发病，中下部叶片先发病，逐渐向上部叶片发病，还可侵染根茎部、茎蔓、花和果实。被害叶片病斑形状和大小差异很大，可分为大型斑、小型斑和角状斑三种类型。高温高湿、植株长势旺盛时多产生大型病斑，灰白色，多为圆形或不规则形。正面隐约有轮纹，直径 2~5 厘米。低温低湿、发病初期的黄瓜新叶上多表现为小型病斑，呈黄褐色小点，近圆形或稍不规则，正面稍凹陷，直径为

黄瓜褐斑病1

黄瓜褐斑病2

0.1~0.5 厘米。角状斑多与小斑型、大斑型及霜霉病混合发生，黄白色，多角形，直径为 0.5~1.0 厘米。多数病斑的扩展受叶脉限制，呈不规则形或多角形，病斑先呈浅褐色，后变褐绿色。有的病斑中部呈灰

黄瓜褐斑病3

白色至灰褐色，病斑上生有黑色霉状物，严重时叶片枯死。

【病原】

瓜棒孢霉菌 *Corynespora cassiicola* (Berk. & Curt.) Wei，属半知菌亚门真菌。

【发病规律】

主要以菌丝或孢子存在于土中或病残体上。此外，病菌还可产生菌核，度过不良环境，翌年生出分生孢子，借风雨或灌溉水传播，进行侵染。病部生出的孢子，进行再侵染。在黄瓜结瓜盛期，高温或通气不良时也易发病。种子可以带菌，带菌率不高，南瓜种子上存在较多病菌，因此，即使黄瓜种子不带菌，当与南瓜嫁接时，南瓜种子所带病菌也能成为初侵菌源。在温度与湿度条件适宜时，病菌很快侵入，病害以 25~28 ℃、饱和相对湿度下发病重，昼夜温差大的环境条件下会加重病情。植株衰弱，偏施氮肥，微量元素硼缺乏时发病重。

【防治方法】

防治黄瓜褐斑病，坚持"早发现、早预防"的方针最关键。

（1）农业防治。保证种子和种苗清洁。该菌分生孢子致死温度为 55 ℃，时间为 10 分钟。黄瓜种子用 55~60 ℃的热水浸种

10~15 分钟，并不断搅拌；待水温降至 30 ℃时继续浸种 3~4 小时，捞起沥干后置于 25~28 ℃的温度下催芽。若能结合药液浸种，杀菌效果更好。注重田间降湿，适时通风换气，灌水、施肥均在膜下暗灌沟内进行。选育抗病品种是控制黄瓜褐斑病最有效的途径。彻底清除田间病残体，减少初侵染源，与非瓜类作物实行 3 年以上轮作，选用抗病品种，对种子进行消毒、对土壤进行消毒、培育无病壮苗，采用配方施肥，施充分腐熟的有机肥，加强栽培管理，加强棚室湿度管理。

（2）药剂防治。发病前可以用 1 000 亿活孢子 / 克荧光假单胞杆菌可湿性粉剂 600~800 倍液进行预防用药。发病初期，可选用 30% 苯甲·嘧菌酯悬浮剂 1 000~1 500 倍液，或 43% 氟菌·肟菌酯悬浮剂 2 800~4 500 倍液，或 50% 多菌灵可湿性粉剂 500 倍液，或 75% 百菌清可湿性粉剂 700 倍液，或 70% 唑醚·丙森锌可湿性粉剂 1 200~1 500 倍液等药剂进行喷雾防治，每 7~10 天喷 1 次，连喷 2~3 次。

保护地棚室可选用 45% 百菌清烟剂熏烟，每亩每次施用 250 克，或喷撒 5% 百菌清粉尘剂，每亩每次施用 1 千克，每 7~9 天 1 次，连续 2~3 次。也可根据病情变化掌握喷撒次数。

十七 黄瓜蔓枯病

【症状】

蔓枯病又称为黑色茎蔓腐烂病、黑色斑点腐烂病，是各黄瓜种植区普遍会发生的一种重要真菌性病害。本病在温室和露地黄瓜栽培中是危害较重的病害之一，从叶缘开始发病，形成黄褐色至褐色"V"形病斑，有不太明显的轮纹，病部上有许多小黑点，后期病部易破裂。叶片上病斑直径为 10~35 毫米，少数更大。茎部染病，一般由茎基部向上发展，以茎节处受害最常见。此病以在病部产生小黑点为主要识别特征，茎部发病后表皮易撕裂，引起瓜秧枯死，但维管束不变色，也不危害根部，可因此与枯萎病相区别。

【病原】

有性态瓜类球腔菌 *Mycosphaerella citrullina* (C.O.Smith) Grossenh,

黄瓜蔓枯病1

黄瓜蔓枯病2

属子囊菌亚门真菌。无性态黄瓜壳二孢 *Ascochyta cucunaeris* Fautrey et Roumeg Ore，属半知菌亚门真菌。

【发病规律】

病菌以分生孢子器或子囊壳随病残体在土壤中越冬，或以分生孢子主要附着在种子、架杆、温室、大棚架上越冬，或以分生孢子器在土中越冬，翌年春产生分生孢子，通过风雨及灌溉水传播，从水孔或伤口侵入。结瓜期从果实蒂部或果柄伤口侵入。该病菌发育温度范围为 20~24 ℃，相对湿度 85% 以上，尤其是棚室阴雨天及夜间露水大时易发病。此外，平畦栽培或排水不良、密度过大、肥料不足、植株生长衰弱时易发病。

【防治方法】

（1）农业防治。实行 3 年以上轮作换茬，对前茬作物及时清除病株，集中深埋或烧毁。应选留无病株种子，对种子进行消毒、对土壤进行消毒、培育无病壮苗，采用配方施肥，施充分腐熟的有机肥，合理利用生物肥料、活性有机肥料及有机和无机复混肥料，加强栽培管理，防止湿度过高，以免病害传播和流行。培育健壮植株，发现病株时及时拔除。选择晴天上午进行整枝打杈，打杈后及时喷施真菌性药剂进行防治。

（2）药剂防治。黄瓜定植缓苗后，在植株周围地面可以用70% 的代森锰锌可湿性粉剂与 80% 百菌清可湿性粉剂按 1∶1 比例混合成 300~400 倍液，或用 30% 甲霜·噁霉灵水剂 600 倍液或38% 噁霜·嘧铜菌酯水剂 800 倍液喷洒地面，可以有效防治蔓枯病的发生。

在发病初期进行全株用药，可用 40% 杜邦福星乳油 8 000 倍液，或 75% 百菌清可湿性粉剂 600 倍液，每 3~4 天 1 次，连防 2~3 次。

第二部分　细菌性病害的诊治

一　黄瓜细菌性斑点病

【症状】

黄瓜细菌性斑点病主要伤害生育后期下部叶片，叶片病斑初呈水渍状，后变淡褐色，中部色较淡，逐渐干枯，周围具水渍状淡绿色晕环，病斑直径大小一般为 15~20 毫米，后期病斑中部呈薄纸状，淡黄色或灰白色，容易破碎。病斑上有少数不明显的小黑点，湿度大时小黑点多。

【病原】

属细菌。

【发病规律】

病原菌主要随病残体在土中越冬，靠雨水溅射或灌溉及棚膜往下滴水溅射进行传播、蔓延。温暖、多湿的天气有利于病害发生，生长后期下部老叶多发病。空气相对湿度85%以上，气温在25 ℃左右时此病易发生。种植密度过大、氮肥过多、土壤偏酸、连作、肥力不足、耕作粗放、地下害虫严重、肥料未充分腐熟，也有利于细菌性斑点病的发生和流行。

黄瓜细菌性斑点病1

黄瓜细菌性斑点病2

【防治方法】

（1）实行与非本科作物3年以上轮作换茬，实行水旱轮作。选择排灌方便的地块，播种前、收获后，清除田间杂草，深翻地，灭茬；促使病残体分解，减少病原和虫源。育苗营养土要用无菌土，提前晒三周以上。采用配方施肥技术，起垄定植，覆盖地膜，控制浇水，降低空气湿度。减少病原传播途径。加强瓜田中后期管理，尤其重视追施钾肥和有机复合锌肥。

（2）药剂防治。在发病初期及时喷洒以下药剂之一：50%甲基托布津（甲基硫菌灵）可湿性粉剂500倍液加75%百菌清可湿性粉剂700倍液，或70%代森锰锌可湿性粉剂1500倍液，或50%苯菌灵可湿性粉剂500~600倍液等药剂进行喷雾防治。每7~10天喷1次，交替轮换用药，连续防治2~3次。

二　黄瓜细菌性角斑病

　　黄瓜细菌性角斑病是一种重要的细菌性病害，严重危害黄瓜的产量和品质。

【症状】

　　本病在幼苗和成株期均可发生，但以成株期叶片受害为主。主要伤害叶片、叶柄、卷须和果实，有时也侵染茎。子叶发病，初呈水浸状近圆形凹陷斑，后微带黄褐色干枯。成株期叶片发病，初为鲜绿色水浸状斑，渐

黄瓜细菌性角斑病1

变淡褐色，病斑受叶脉限制呈多角形，茎、叶柄、卷须发病，侵染点水浸状，沿茎沟纵向扩展，呈短条状，湿度大时也见菌脓，严重的纵向开裂，呈水浸状腐烂，变褐、干枯，表层残留白痕。瓜条发病，出现水浸状小斑点，扩展后不规则或连片，病部溢出大量污白色的菌脓。条件适宜时，病斑向表皮下扩展，沿维管束逐渐变色，并深至种子，使种子带菌。幼瓜条感病后腐烂、脱落，大瓜条感病后腐烂、发臭。瓜条受害常伴有软腐病菌侵染，呈黄褐色水渍腐烂。

【病原】

丁香假单胞杆菌黄瓜角斑病致病型，*Pseudomonas syringae* pv. *lachrymans*（Smith et Bryan.）Yong,Dye & Wilkie，属细菌。

【发病规律】

属细菌引起的病害，病菌在种子内、外或随病残体在土壤中越冬，通过灌水、风雨、气流、昆虫及农事作业在田间传播蔓延，由气孔、伤口、水孔侵入寄主。湿度是该病害发生的重要条件。降雨或

黄瓜细菌性角斑病2

浇水多，土壤湿度大，排水不良，保护地内低温、多湿，易流行此病；棚室通风不良、重茬、磷钾肥不足、增施有机肥料未腐熟的地块病情较重。病菌喜温暖、潮湿的环境，发病适温为18~28 ℃，相对湿度80%以上。黄瓜最易感病生育期是开花坐果期至采收盛期。

【防治方法】

（1）选用耐病品种。应从无病瓜上采种，避免从疫区引种或从病株上采种。

（2）种子处理。瓜种可用70 ℃恒温箱干热灭菌72小时，或用50 ℃水浸种20分钟，捞出晾干后催芽、播种；还可用40%福尔马林150倍液浸种90分钟，或用0.5%次氯酸钠浸种20分钟，或用100万单位硫酸链霉素500倍液浸种2小时，冲洗干净后催芽、播种。

（3）加强栽培管理。培育无病土育苗，重病田与非瓜类作物实行2年以上的轮作。生长期及时清除病叶、病瓜，收获

后清除病残株，深埋或烧毁。

（4）生态防治。本病属于高湿病害，最适发病条件为温度25 ℃和95%的相对湿度。因此，及时排除积水、注意放风时间，以严格控制棚内的湿度，避免棚内空气湿度过高。尽量避免在清晨叶片湿度较大、露水较多的时候进行整枝打杈、果实采摘等农事操作，防止病原菌跟随操作人员或操作工具传播，可有效防治该病害的发生。

（5）药物防治。发病前期可喷施3%中生菌素可湿性粉剂800~1 000倍液，或2%春雷霉素水剂500倍液，或77%氢氧化铜可湿性粉剂800~1 000倍液，或30%新植霉素可湿性粉剂4 000倍液，或30%琥胶肥酸铜（DT）可湿性粉剂500倍液，或53.8%可杀得2 000悬浮剂600倍液，或77%多宁可湿性粉剂800倍液，或60%琥·乙膦铝（DTM）可湿性粉剂500倍液，或47%加瑞农可湿性粉剂800倍液，或12%松脂酸铜（绿乳铜）乳油300倍液，或70%甲霜铜可湿性粉剂600倍液。以上药剂交替使用，每7~10天喷1次，连续喷3~4次。铜制剂使用过多易引起药害，一般不超过3次。喷药时须仔细地将药喷到叶片正面和背面，可以提高防治效果。

三　黄瓜细菌性缘枯病

【症状】

黄瓜细菌性缘枯病主要危害叶片、叶柄、茎、卷须、果实。叶片受害后，出现暗绿色水浸状小斑，后产生淡褐色病斑，严重时出现楔形水浸状大斑；叶柄、茎、卷须侵染后的病斑呈褐色水浸状。果实受害后，果梗上产生褐色水浸状病斑，果实黄化脱水呈木乃伊状。湿度过大，病斑上溢出菌脓，有臭味。

【病原】

边缘假单胞菌边缘假单胞致病型，*Pseudomonas marginalis* pv. marginalis (Brown) Stevens，属细菌。

【发病规律】

病菌在种子上或随病残体留在土壤中越冬，从叶缘水孔等自然孔口侵入，靠风雨、田间操作传播、蔓延和重复侵染。叶面结

黄瓜细菌性缘枯病1

黄瓜细菌性缘枯病2

露时间长，叶缘水孔吐水容易流行。湿度变化是导致细菌性缘枯病发生的重要因素。棚内湿度较大，尤其在夜间，相对湿度高于85%，温度保持在 8~10 ℃，这种高湿低温环境持续时间越长，该病发生率越高，露地栽培黄瓜生长后期易发生此病。

【防治方法】

（1）选无病瓜留种，也可用 70 ℃恒温箱干热灭菌 72 小时、50 ℃水浸种 20 分钟等方法处理。与非瓜类作物实行 2 年以上轮作，生长期、收获后清除病叶残株，及时深耕。

（2）药剂防治。在发病初期，可用新植霉素 5 000 倍液，或30% 琥胶肥酸铜（DT）可湿性粉剂 500 倍液，或53.8% 可杀得 2 000 干悬浮剂 600 倍液，或 70% 甲霜铜可湿性粉剂 600 倍液，交替使用，每 7~10 天喷 1 次，连续喷 3~4 次。铜制剂使用一般不超过 3 次。喷药时须仔细地将药喷到叶片正面和背面，从而提高防治效果。

四　黄瓜细菌性圆斑病

【症状】

黄瓜细菌性圆斑病主要危害叶片，有时也危害幼茎或叶柄。叶片染病，幼叶症状不明显，成长叶片叶面初现黄化区，叶背现水渍状小斑点，很薄，黄色至褐黄色，幼茎染病后，茎部开裂。苗期生长点染病，多造成幼苗枯死。果实染病后，果实上呈圆形灰色斑点，并出现黄色干菌脓，似痂斑，影响黄瓜的商品性。

【病原】

油菜黄单胞菌黄瓜致病变种 (黄瓜细菌斑点病黄单胞菌)，*Xanthomonas campestris* pv.*cucurbitae* (Bryan) Dye，异名 X.*cucurbitae* (Bryan) Dowson，属细菌。

黄瓜细菌性圆斑病

【发病规律】

该菌主要伤害黄瓜、南瓜等葫芦科植物。病菌由种子传带，也可随病残体遗留在土壤中越冬，从幼苗的子叶或真叶的水孔或伤口侵入，引起发病。真叶染病后，细菌在薄壁细胞内繁殖，后进入维管束，致叶片染病。然后再从叶片维管束蔓延至茎部维管束，进入瓜内，致瓜种带菌。棚室黄瓜湿度大、温度高，叶面结露、叶缘吐水，利于该菌的侵入和扩展。该菌的适宜繁殖温度为25~30 ℃。带菌种子可以进行远距离传播或随病株残留在土中越冬。幼苗期易从伤口侵入，引致发病。

【防治方法】

（1）选用抗病品种。与非瓜类作物实行 3 年以上轮作，选用无病土育苗和保护地定植前熏蒸消毒，以高温和药剂灭杀棚内和土壤中的细菌，以减少细菌性圆斑病害发生。培育壮苗，选无病、无虫弱苗进行定植。施用的沤肥等有机肥料都要经过充分发酵、腐熟。及时清除上茬作物的残枝病叶。合理施肥和浇水，棚室栽培要高垄栽培，覆盖地膜。特别是越冬茬栽培，要加强保温、保湿。湿度过大、夜温低，易于病害传播。要加强棚室放风管理，根据气候情况适时掌握通风量和通风时间。

（2）种子处理。播种前对黄瓜种子消毒灭菌处理：可用 55 ℃水浸种 15 分钟，或用 50 ℃水浸种 30 分钟，捞出晾干后催芽、播种；或用 10% 磷酸三钠液浸种 20 分钟后，用清水将其淘洗净，再浸种 3~4 小时，捞出淋干后置于 25~30 ℃的温度下催芽、播种。

（3）药物防治。于发病初期选择喷洒下列药剂之一，并交替轮换用药：50% 琥胶肥酸铜（DT）可湿性粉剂 600 倍液，或 50% 甲霜铜可湿性粉剂 500 倍液，或 60% 琥·乙膦铝（DTM）可湿性粉剂 600 倍液，或 86.2% 铜大师可湿性微粒粉剂 1 200 倍液，或

77% 可杀得可湿性粉剂 600 倍液，或 47% 加瑞农可湿性粉剂 800 倍液，或 30% 细菌杀星可湿性粉剂 600~800 倍液等。每 7~10 天喷 1 次，连续喷治 2~3 次。此外，还可喷洒波尔多液。若棚室遇连阴雪雨天气，棚内可喷撒 10% 脂铜粉尘剂，每亩每次喷撒 1 千克。在采收之前 3 天停止用药。应特别注意选用防水、防雾、防老化的棚膜和加强大棚的通风排湿管理。

五　黄瓜细菌性茎软腐病

【症状】

黄瓜细菌性茎软腐病在黄瓜苗期和成株期都可发生，因病株的果实和茎蔓等受害部位会流出胶状物，果实、茎蔓、叶片、叶柄和嫁接口等均可受害。苗期发病，子叶、近地表叶片和茎基部出现水浸状褪绿，随着危害加重，茎部出现流胶，干燥时病部易干、质脆、开裂或穿孔。成株期果实受害时外观正常，严重时表面出现白色至浅褐色脓状物，而内部变褐、腐烂或呈开裂状。茎蔓易积水处先发病，初呈水浸状病斑，扩大后出现流胶，大多急性发病，湿度大时溢出白色至浅黄色菌脓，严重时纵向开裂、软腐。由于病菌破坏和堵塞茎部导管，影响水分运输，病部以上首先萎蔫，后期导致整株萎蔫。叶片受害，病斑初为水浸状淡黄色，

黄瓜细菌性茎软腐病1

黄瓜细菌性茎软腐病2

后扩大呈近圆形或不规则形，有时形成受叶脉限制的多角形病斑，干燥时造成病斑穿孔，湿度大时沿叶脉发展的病斑在叶背溢出白色至浅黄色菌脓。

黄瓜细菌性茎软腐病3

【病原】

胡萝卜软腐果胶杆菌 *Pectobacterium carotovorum*，属细菌。

【发病规律】

病菌可在种子内、外及随病残体在土壤中越冬。带菌种子萌发时子叶受侵害，引起幼苗发病，该病一般在12月中下旬至翌年2月下旬发生。田间病菌主要通过伤口侵入植株，借助飞溅的水滴、植株调整等传播、蔓延。连阴、寡照、棚内长时间高湿、温度适宜（22~30℃）时，有利于病情发展。昼夜温差大，导致植株体微伤口增多，也有利于发病。

【防治方法】

生产上应坚持预防为主，做好早期识别、诊断，早发现、早防治。

（1）种子处理。对种子进行消毒处理能避免或减轻初始侵害。由于嫁接南瓜砧木也会感病，南瓜砧木种子也应消毒。常用的有温汤浸种、干热消毒和药剂处理。药剂拌种或浸种都可以，拌种可用种子质量0.3%的47%春雷·王铜可湿性粉剂，浸种用0.5%次氯酸钠溶液浸20分钟或硫酸铜100倍液浸5分钟，然后洗净。为避免消毒不当，影响种子活力，建议先用少量种子做安全性试验。

（2）农业防治。采用无病土育苗，大田在夏季进行高温闷棚杀菌。优先采用高垄覆膜、膜下暗灌的栽培方式，有条件的采用滴灌。控制田间湿度，缩小昼夜温差。连阴、寡照天气及早上棚室湿度较大、结露较多时，减少农事操作。零星发病时，尽快拔除中心病株和附近的植株，并带出棚外销毁。

（3）药剂防治。定植前用77%硫酸铜钙可湿性粉剂400~500倍液蘸根。发病初期可选用77%可杀得可湿性粉剂600倍液，或47%加瑞农可湿性粉剂800倍液，或30%细菌杀星可湿性粉剂600~800倍液等进行喷雾。每5~7天喷1次，连喷3~4次。轮换用药，以延缓病菌抗药性产生。

六　黄瓜细菌性流胶病

气温低，阴雨、雾霾天气多时，黄瓜细菌性流胶病高发，常造成瓜条腐烂，商品性降低。黄瓜细菌性流胶病已成为冬季设施黄瓜栽培中危害黄瓜品质、降低黄瓜产量、影响经济效益的重要病害，发病严重的棚室，可造成 30% 以上的黄瓜减产，甚至绝收。

【症状】

本病在黄瓜整个生育期均可发生。苗期发病症状为植株茎基部呈黄褐色水浸状，湿度大时子叶和真叶边缘出现水浸状凹陷斑并不断向内扩展，严重时茎基部流胶，叶片背面病斑处溢出菌脓，空气干燥时病斑变脆，易穿孔。成株期发病，病原菌主要侵染茎和果实，茎秆呈水渍状，流出白色胶状物，发病植株生长缓慢，茎秆发病部位以上部分先萎蔫，最后整株萎蔫；果实受害后，出现水渍状病斑，侵染面扩大，果实变软、凹陷，逐渐变成褐色，内部软烂，表皮破裂，伴有恶臭，果实失去商品性。

黄瓜细菌性流胶病1

黄瓜细菌性流胶病2

黄瓜瓜条细菌性流胶病1　　　　黄瓜瓜条细菌性流胶病2

【发病规律】

（1）棚室环境调控问题。该病喜高湿环境，发病适温为25~27 ℃。在深冬和早春季节，棚内湿度大，低温持续时间长，则发病严重。连续的阴雨、光照不足，同时棚室内的通风不及时，导致黄瓜棚内的湿度较大，黄瓜叶片、茎秆、果实的湿度相对较高，易造成黄瓜细菌性流胶病暴发。黄瓜棚室内的低温持续时间越长、湿度越大，发病就会越严重。温室中午温度过高，夜间温度低、湿度大，形成易结露的环境，利于病害蔓延。

（2）栽培管理不当。栽培管理过程当中不注意，造成从黄瓜定植、落蔓至打叶、打权甚至摘瓜这一系列农事操作的某一个环节出现黄瓜植株的伤口，便容易造成细菌性流胶病侵染，这也是整个黄瓜棚室快速传播的重要途径，加速了黄瓜细菌性流胶病害的暴发。

（3）种子带菌。病原细菌可以在种子内、外越冬，病原菌侵入寄主组织后进入胚乳或胚根的外表皮，造成种子内部带菌。在采收病瓜时，接触污染的种子或从病瓜中收集种子，可以使种子表面带菌。若播种的黄瓜种子带有病原细菌，环境适宜时会侵染危害。另外，病原菌可随种子调运远距离传播危害，这是病害新发生地区的主要来源。

【防治方法】

要做到早发现、早治疗、早预防，将病害消灭在萌芽时期。

（1）种子消毒。种子可能是导致细菌性流胶病发生的初侵染源，因此在育苗前对种子进行消毒处理可有效降低苗期发病的风险。用 0.5% 的次氯酸钠浸泡种子 20 分钟，洗干净后再播种，可有效杀死种子表面的病原菌。对于种子内部的病原菌，可采取干热灭菌的方法进行消毒处理。

（2）加强田间管理。冬季温室黄瓜采用高畦栽培，以利于提高地温、降低湿度；定植时少盖土，露出幼苗土坨的上表面，以降低茎秆周围的湿度；地膜上的定植孔要大，以利于降湿；采用膜下滴灌的方式选晴天上午浇水；作业行铺上切碎的玉米秸秆或稻壳，起到吸湿、降湿的作用；湿度大的温室用间断放风的方式进行排湿和提温。早晨揭苫后，温室通风排湿。非雨雪天气揭开草苫，充分利用散射光促进黄瓜生长。

（3）农事操作规范。在黄瓜整个生育期，须进行多次整枝打杈、摘叶摘瓜、掐卷须、绕蔓等农事操作。为使伤口尽快干燥愈合，避免人为活动引起病害感染和传播，宜选晴天上午进行农事操作。应及时摘除病叶和残花，拔除发病植株；将病残体带至温室外深埋，防止病害传播、蔓延。

（4）药剂防治。发病前初期，用 3% 中生菌素可湿性粉剂 800 倍液，或 77% 氢氧化铜可湿性粉剂 1 000 倍液喷雾防治，喷雾时尽可能均匀地喷到叶片的正面和背面；阴雨天气，棚内湿度较大时，可用细菌克星（5 亿芽孢 / 克荧光假单胞杆菌可湿性粉剂）每亩 100 克用量喷粉防治，注意药剂的轮换使用，避免病菌产生抗药性。

七　黄瓜细菌性叶枯病

【症状】

黄瓜细菌性叶枯病主要危害叶片，幼叶症状不明显，成长叶片叶面出现黄化区，出现畸形水浸状褪绿斑，逐渐扩大呈近圆形或多角形褐斑，直径1~2毫米，周围有褪绿色晕圈。病叶背面在清晨或阴天极易出现小段明脉，但无菌脓，这有别于细菌性角斑病。

黄瓜细菌性叶枯病

【病原】

油菜黄单胞菌黄瓜致病变种(黄瓜细菌斑点病黄单胞菌)，*Xanthomonas campestris* pv. *cucubitae*（Bryan）Dye，异名 X. *cucurbitae*（Bryan）Dowson，属细菌。

【发病规律】

该病菌通过种子带菌传播，也可随病残体在土壤中越冬，从幼苗子叶或真叶水孔及伤口处侵入。叶片染病后，病菌在细胞内繁殖，而后进入维管束，传播、蔓延。保护地内温度高、湿度大，叶面结露，叶缘吐水，利于病害发生。

【防治方法】

进行种子检疫，防止该病传播、蔓延。

（1）种子处理。种子可用50 ℃水浸种20分钟，捞出晾干后催芽、播种，或用 40% 福尔马林 150 倍液浸 1.5 小时或 100 万单位硫酸链霉素 500 倍液浸种 2 小时后冲洗干净，再催芽、播种。

（2）药剂防治。在发病初期，可喷洒 25% 青枯灵可湿性粉剂 600 倍液，或 50% 琥胶肥酸铜（DT）可湿性粉剂 500 倍液，或 60% 琥·乙膦铝（DTM）可湿性粉剂 500 倍液，或 77% 可杀得可湿性粉剂 400 倍液，或 72% 农用链霉素可湿性粉剂 4 000 倍液等药剂进行喷雾防治，连喷 3~4 次。

第三部分 黄瓜生理性病害的诊治

一　寒害

【症状】

寒害主要是指黄瓜棚室遇到连续阴雨天时，光照弱、温度低，叶片呈水浸状，出现黄白色，花器不发达，茎秆细弱，幼瓜停滞生长。骤然转晴后仍按常规揭苫，常因棚温迅速升高，叶片出现萎蔫，严重时造成整株死亡。

【防治方法】

（1）提前安装多效增温灯，预防灾害性天气，提高棚室的温度和光照，加厚保温物的覆盖。

（2）连阴骤晴后要揭隔苫，揭苫前对植株喷洒温水，使其慢慢见光，逐渐恢复正常。

二　花打顶

【症状】

花打顶，指生长点基本停滞，龙头紧聚，生长点附近的节间是短缩状，即靠近生长点的小叶片密集，有时伴随降落伞叶，各叶腋处出现了小瓜纽，大量雌花生长开放，造成封顶，俗称"花打顶"。或开花结瓜期，植株生长点急速形成雌花和雄花间杂的花簇，呈现花抱头现象。因开花后瓜条停止生长或延迟发育，造成减产和商品性降低。

【发生原因】

（1）黄瓜根系发育差，活动弱，光合产物积累少，昼夜温差大，夜间向新生部位输送的养分少，植株营养生长受到抑制，生殖生长旺盛。

（2）土壤干旱、肥料使用过量，或土地过湿而产生沤根。

黄瓜花打顶1

黄瓜花打顶2

（3）温度过低,尤其是土温过低或者是在棚室管理中出现伤根。

（4）黄瓜在结果盛期,对氮、磷、钾的需求量大幅度增加,且果实吸收量占总吸收量的 50%~60%,产量越高,消耗的养分越多。

（5）激素使用浓度过大或喷到植株顶部,造成药害,从而发病。

【防治方法】

（1）施足、施好基肥。应施腐熟好的优质有机肥 5 000~6 000 千克,配合使用氮、磷、钾复合肥 50~70 千克、微生物菌剂 10 千克,为黄瓜的生长发育创造良好的肥力基础。

（2）在栽培方式上,最好采用大小行方式,以便于田间管理。在进行田间管理时,如前期、中期采取中耕除草,注意不要伤根。为防止伤根,按每亩地面喷施"免深耕"500 克以确保土地的通透性,另外,应保证黄瓜的正常生长温度。黄瓜根系生长最低温度 8 ℃,最适温度 25~30 ℃,最高温度 38 ℃,连阴和雨雪天气不应浇水,以防水凉伤根,降低地温。

（3）对已经发生花打顶的黄瓜,应关闭天窗适当提温,同时喷施叶面肥或磷酸二氢钾,以促其生长。在摘瓜后要及时追施肥料,按氮、磷、钾 3∶1∶4 的追肥比例使用,并及时掐掉卷须,抹掉龙头附近的雄雌花,疏去顶部瓜纽,摘除中、下部的大瓜。清除下部老叶,调节营养平衡,促进植株健壮生长。黄瓜蘸花时有选择性地蘸取 2~3 朵花,最后根据植株长势留取 1~2 个瓜条,其余的尽早疏除,这样可减少激素的危害,又不致使生殖生长大于营养生长,引起生长失衡而造成花打顶。但在蘸花时要注意药液不要滴到植株蔓及叶片上,以免造成植株体内激素积累过多,引起中毒。

三　化瓜

　　黄瓜化瓜是黄瓜雌花未开放或开放后子房不膨大，不能继续生长成商品瓜而黄萎、脱落的现象。黄瓜化瓜主要是植株供应养分不足所致，是一种生理病害，其发生与温度、生长失调及水肥管理不当等均有关系。

【症状】

　　果实发育中途停止膨大，幼果因供给养分极少甚至得不到养分而黄化，叶片中的干物质含量降低，植株长势多病，叶色较淡，叶片变薄，形成枯萎、干瘪的果实，有的病果在果实膨大的初期发生脱落。

化瓜

【发生原因】

　　（1）品种原因。种植的品种抵抗不良环境能力差或选择的品种不适合夏季栽培。

（2）高温影响。当白天大棚内的温度超过 35 ℃时，植株光合作用制造的养分与呼吸作用消耗的养分达到平衡，使养分得不到积累。夜温高于 18℃时，呼吸作用增强，养分消耗过多，瓜条得不到养分的补充从而化瓜。另外，高温条件下雌花发育不正常会导致畸形瓜现象的发生。

（3）生长失调。营养生长与生殖生长必须协调，生长期植株的营养生长过旺，抑制了生殖生长，营养集中在茎叶上，消耗大量养分，瓜条发育所需养分不足会导致化瓜。生殖生长过旺，雌花数目过多，留瓜过多，植株负担过重，养分供应不足，也会产生化瓜现象。

（4）水肥管理不当。大量施用氮肥，浇水过多，茎叶徒长，消耗大量养分，或缺水、缺肥，都会导致化瓜现象的发生。

（5）栽培密度。黄瓜的根系主要集中在近地表层，密度过大，就会出现根系争夺土壤养分，地面上部植株茎叶争夺空间，透光、透气性差，光合作用效率低等现象，导致养分供应不足，从而引起化瓜现象的发生。

（6）病虫害。病虫害发生严重时，会影响黄瓜的光合作用产物形成和养分输送，从而引起化瓜。

【发病规律】

（1）幼苗期。光照不足，夜温过高，苗床氮肥缺乏，花芽分化受到抑制，导致子房发育不良，容易形成弯曲瓜。

（2）育苗期间。偏施氮肥，磷肥、钾肥不足；幼苗定植后，浇水过早，水量较大，植株营养生长加剧，果实因缺乏营养物质的供应而停止发育，形成僵瓜。

（3）结瓜中期。连续高温干旱，授粉、授精不良，瓜条从上部到中部膨大，伸长生长受到抑制，下部不能膨大而形成尖嘴瓜和大肚瓜。

（4）结瓜后期。植株生长衰弱，设施内温度高于 35 ℃，土壤干旱、板结，植株缺乏钾肥时容易形成蜂腰瓜。

【防治方法】

采取不同的措施加强肥水管理，适当疏花疏果，及时防治病虫害，防止化瓜。

（1）根据栽培季节和茬口选择优良品种。对于单性结实差的品种，可通过人工辅助授粉，刺激子房膨大，降低化瓜率，也可选用适宜保护地专用品种，可大大增加坐果率。

（2）连阴、严寒季节，提高棚室温度。棚室白天温度应保持在 25~28 ℃，夜间温度保持在 13~18 ℃。昼夜连续阴天、昼夜温差大时，多增加光照，通过光合作用制造养分，有利于黄瓜植株的生长发育。

（3）加强温度管理，防止高温。白天最适宜的温度应保持在 28~30 ℃，夜间最适宜的温度为 13~16 ℃，超过 18 ℃，光合作用受阻，呼吸作用突然增强，会因营养消耗过多而引起化瓜，同时高温会影响雌花的形成且易出现畸形瓜。因此，应加强放风管理，控制温度在适于黄瓜正常生长发育的范围之内。

（4）适时适量补充二氧化碳浓度。栽培黄瓜的棚室中二氧化碳浓度低于大气中二氧化碳的浓度，植物的光合作用受到影响，植物体内积累的碳水化合物减少，黄瓜发育不良，就会引起化瓜。因此，可通过放风增加棚室内二氧化碳浓度或补充二氧化碳，或在棚内增加有机肥料施用量，均能增加二氧化碳含量，从而加强光合作用，增加产量，减少化瓜。

（5）根据天气、土壤等情况进行合理施肥、浇水。若肥水供应充足，植株生长健壮，光合作用正常进行，同化物质积累多，雌花营养供应足，不会出现化瓜；若水分过多，空气温度过高，氮素营养过剩，则会因植株徒长而引起化瓜。因此，生产上要合理施肥和浇水，保持各种营养成分的平衡供应。另外，当使用增瓜灵或乙烯利增加了雌花量时，如不能增施肥料，也会引起化瓜。所以，使用上述激素制剂时要同时增加 30%~40% 的施肥量。

（6）合理密植，防止化瓜。栽培过密，根系间易竞争土壤中的养分，地上部茎叶则竞争空间，通风透光性降低，光合效率降低，光合产物制造少，呼吸消耗增加，因此应根据品种、地力、栽培季节合理密植。

（7）及时采收根瓜，防止化瓜。根瓜不及时采收，会影响上部瓜和植株的生长发育，还会继续吸收大量的养分，使上部雌花因养分供应不足出现化瓜，因此必须适时早采下部瓜，尤其是根瓜，更应及时采收。

（8）及时防治病虫害，防止化瓜。霜霉、白粉、炭疽等病害主要危害叶片，从而影响光合作用，造成化瓜。蚜虫、白粉虱等虫害可通过吸取黄瓜汁液造成黄瓜生长不良，引起化瓜，所以在黄瓜生育期间内应密切注意病虫害的发生动态，及时防治。

（9）加强栽培管理，改善光、温、气、水、肥条件，促进植株营养生长与生殖生长平衡、协调发展，使雌花发育正常，瓜胎发育健壮，单性结实增强，化瓜率会大幅度降低。或进行人工授粉，刺激子房膨大，可使化瓜率降低 70% 以上。

四　畸形瓜

【症状】

在保护地及露地后期栽培条件下生产黄瓜时，常出现尖嘴瓜、大肚瓜、弯曲瓜、蜂腰瓜，其他还有双身瓜、溜肩瓜等畸形瓜。

【发生原因】

畸形瓜的产生，多数是由于生理原因造成的。其中，弯曲瓜主要是有些瓜条由于花芽分化后条件差，在蕾期就已经弯曲。

大肚瓜 1　　　　　　　大肚瓜 2

子房弯曲，是从子房长度在 1.5~2.5 厘米时开始的。此后，随着子房的发育，弯曲度也有随之增大的趋势。开花时已经弯曲的子房，采收时也必然是条弯瓜，它们之间有较高的相关性。黄瓜雌花授粉不完全，易发育成蜂腰瓜。黄瓜授粉后，植株中的营养物质供应不足，干物质积累少，养分分配不足，也易引起黄瓜发育，形成蜂腰瓜。大肚瓜是在黄瓜果实膨大期间，前期土壤缺水，而后浇灌大水，果实吸收水分过多而形成的。双身瓜主要是高温所致。溜肩瓜的特征是瓜柄极短、瓜肩削瘦，形成的原因可能与夜间低温、营养过剩有关，也有人认为是缺钙造成的。黄瓜裂瓜是从尾部开始，沿纵向方向开裂，主要是棚室长期干燥或低温干燥所致。

尖嘴瓜 1

尖嘴瓜 2

尖嘴瓜 3

尖嘴瓜 4

双身瓜

弯曲瓜

【防治方法】

（1）加强植株营养，特别是坐果期要加大肥水供应，保证有充足的养分积累。

（2）花期可通过人工授粉、放蜂授粉来减少畸形瓜的产生。或在黄瓜初花期喷洒 0.04% 芸苔素内酯 4 000 倍液，10 天后再喷 1 次，可增产 10%~30%。

（3）搞好保护地棚室环境调控。依据黄瓜各个生育阶段对环境条件的要求，做好棚室保护地的光照、温度、空气湿度、空气中二氧化碳的浓度、土壤水分和养分等环境因素的调节与供应，以达到黄瓜生长发育的要求。

（4）采用配方施肥技术。从施基肥起就要做到以有机肥为主，按氮、磷、钾、钙、镁的比例施用速效化肥，还应注意施硼、锌等微肥。

（5）去畸形瓜，保留正常瓜。对畸形瓜，要从雌花谢花前后及早进行检查，发现畸形的，及时摘除。选留发育正常的幼瓜，保护其发育膨大。

五 苦味瓜

【症状】

黄瓜保护地栽培中，经常出现带苦味的黄瓜，轻者食用略感发苦，重者失去食用价值。根瓜更易出现苦味瓜。

【发病规律】

（1）与品种有一定的关系。一般叶色深绿的品种较叶色浅的品种更易长出苦味瓜，如栽培措施不当，则会增加苦味瓜出现的概率。

（2）因氮肥过量造成植株徒长、坐瓜不整齐时，在侧枝、弱枝上结出的瓜易出现苦味。

黄瓜苦味瓜

（3）低温寡照时期，特别是连续阴天时，黄瓜的根系或活动受到损伤和障碍，吸收的水分和养分少，瓜条生长缓慢，往往在根系和下部瓜中会积累更多的苦味素。

（4）越冬茬和冬春茬栽培的黄瓜进入春末高温期，或由于植株根系的衰老，或由于土壤湿度过大，根系吸收能力减弱，同化力弱，而夜间湿度又过高，瓜条生长慢，在瓜条里积累了较多的苦味素，从而形成了苦味瓜。

【防治方法】

（1）采用采光、保温性能好的温室。

（2）科学施肥，特别是不要过多地施用氮肥。

（3）栽植密度不可过大，放开行距，减少株数，改善株间的光照条件。

（4）在黄瓜初花期喷洒 0.04% 芸苔素内酯 4 000 倍液，10 天后再喷 1 次，可增产 10%~30%。

（5）在植株进入结果后期时，及早进行复壮；进入高温期，管理温度不宜高，特别要防止夜间温度过高，同时浇水量不宜过大。

六　早衰

黄瓜生长快，连续结果能力强，需肥也要求连续、均衡，一旦脱肥，极易早衰，夏、秋两季的黄瓜特别容易出现这种情况。

【症状】

植株萎缩、叶片异黄、新叶发生困难、果实成熟晚、总产量低，严重时植株不定期早死亡。

【发生原因】

脱肥、高温多雨是产生早衰的主要原因。

黄瓜早衰

【防治方法】

（1）适时摘心。防止植株徒长，减少养分的过多消耗，促进多结瓜。

（2）摘除老叶。防止田间郁闭，增加通风透光，减少植株的营养消耗，还能有效控制病害的传播和蔓延。

（3）及早采收。根瓜尽早采收，防坠秧；商品瓜成熟后及时采收，减少养分消耗。

（4）及时追肥。为植株提供充足的养分是防止早衰的关键措施。果实采收后，结合灌水，每亩施尿素 10 千克。

（5）灌水降温。在炎热的夏季，要根据天气与土壤墒情适当浇水，以小水为宜，防止大水冲刷基部而伤害植株根系。大雨后及时排水防涝，保证植株的正常生长。

（6）防虫治病。及时、准确地防治病虫害，防止因病虫害危害而造成早衰。

七　黄瓜缺素症

1. 缺氮

【症状】

黄瓜缺氮素时，生长发育受阻碍，植株瘦弱，茎淡绿色，严重缺氮时叶绿素分解，从下部叶到上部叶顺序变黄，上部叶变小，子叶及下部叶枯死，而花显得较大；瓜条变短、变瘦，色淡或灰绿色，多刺，结瓜少且畸形瓜多，并呈淡黄色，其中尖嘴瓜多。

【发生原因】

种植前施大量没有腐熟的堆肥（秸秆杂草），碳素多，其分解时夺取土壤中的氮；砂土、沙壤土及阴离子交换少的土壤缺氮；露地栽培，由于降雨多，氮被淋失。

【防治方法】

缺氮时，多施腐熟的有机肥；沤制堆肥时加入适量的氮素，可以提高地力。在低温季节，追施硝态氮效果好；在砂土或砂壤

黄瓜缺氮1

黄瓜缺氮2

土里，适当多追氮素肥料。在大棚黄瓜的生长结瓜期发现缺氮症状，可及时追肥，并同时对叶面喷施 0.5%~1% 的尿素溶液。

2. 缺磷

【症状】

黄瓜缺磷时幼苗叶呈深绿色，叶小而硬，稍微向上挺，定植后生长缓慢，植株矮小。严重缺磷时，幼叶变小，叶片小且稍微向上挺；下部叶枯死、脱落，质硬，叶色深绿、矮化。果实晚熟，但成熟晚的原因较多，有时难以区分。

【发生原因】

一是堆肥、厩肥用量少，易发生土壤缺磷症；二是早春地温低，黄瓜植株对磷的吸收量少；三是育苗时不施磷肥。

【防治方法】

黄瓜对磷肥不足比较敏感，土壤中全磷含量在 30 毫克/100 克以下时除了施用磷肥外，须预先改良土壤。土壤含磷量在 150 毫克/100 克以下时，施用磷肥的效果是明显的。黄瓜在苗期的根系发育、花芽分化特别需要磷，所以给营养土平均增施 2%（按营养土重量计算）的过磷酸钙。在基肥中多施有机肥，同时和磷肥（过磷酸钙、钙镁磷）一起沤制。苗期需磷量较多，缺磷症状出现后对叶面喷洒 0.2% 的磷酸二氢钾溶液，或结合浇水每亩再施 5~10 千克的磷酸二铵。

3. 缺钾

【症状】

生长缓慢、节间短、叶片小，黄瓜生长早期叶边缘出现轻微的黄化，然后是叶脉间黄化，顺序很明显。生育中、后期，叶脉间失绿更明显，并向叶片中部扩展。随后叶缘脱水干枯，而叶脉则可保持一段时间的绿色。缺钾症状的出现整体是由植株基部发展到顶部，老叶受害最重。

【发生原因】

砂土地易缺钾，由于大棚连年种植，用堆肥、厩肥少，又不施钾肥；地温低、光照不足、土壤湿度过大等，阻碍植株对钾肥的吸收；施氮肥过多，产生对钾吸收的拮抗作用。当测定黄瓜叶片含钾（K_2O）3.5%以下时，易出现缺钾症。

黄瓜缺钾

【防治方法】

施用充足的堆肥、厩肥等有机肥料作为基肥，生育中、后期不断追施钾肥。苗期和采收期可间隔喷洒磷酸二氢钾、绿亨天宝、颗粒丰等营养素，协调养分的平衡吸收。

4. 缺钙

【症状】

最幼小的叶片边缘及叶脉之间出现浅色的斑点，多数叶片、叶脉间失绿，植株矮小，节间短，尤其是植株顶端的节间更短。幼叶长不大，叶缘缺刻深并向上卷曲，较老的叶片向下卷曲。遇长时间连续低温、日照不足或急剧晴天、高温，生长点附近的叶片叶缘卷曲枯死。

黄瓜缺钙1 　　　　　　　　　黄瓜缺钙2

【发生原因】

如果施氮肥、钾肥多，就会阻碍对钙的吸收；土壤干燥，也影响对钙的吸收，酸性土壤易缺钙。实际在大棚黄瓜生产中，很少出现缺钙的情况。

【防治方法】

施用肥料时，不宜将氮肥和钾肥一次施用过多；经常注意适量灌溉，避免土壤中肥料浓度过大，影响对钙的吸收。根据土壤诊断，如缺钙，可在土壤中施石灰，但一定要施入土壤深层；黄瓜生长过程中缺钙，可用 0.3% 的氯化钙进行叶面喷施，每周 2 次。

5. 缺镁

【症状】

黄瓜缺镁时，生育期提前，果实开始膨大并进入盛期的时候，下部叶表面异常，老叶机能降低，叶脉间的绿色渐渐黄化，进一步发展，除了叶缘残留点儿绿色外，叶脉间均黄化。生育后期，除只有叶脉、叶缘残留点儿绿色外，其他部位全部变为黄白色。当上部叶输送不上养分时，也会发生缺镁症，叶片上发现明显的绿环。缺镁症与缺钾症很相似，区别在于缺镁是从叶内侧开始失绿，缺钾是从叶缘开始失绿。黄瓜不像番茄、茄子那样容易发生缺镁症，不同的品种在同一个大棚内栽培，发生的程度也不同。

黄瓜缺镁1

【发生原因】

砂土土壤中易发生缺镁症；在保护地栽培黄瓜，施用氮肥、钾肥过量，易阻碍对镁的吸收；收获量大的大棚黄瓜，如不施用足够的镁，也会出现缺镁症。

【防治方法】

根据测定的土壤肥料含量，如果缺镁，在定植前施入镁肥；注意氮肥、钾肥不要过量；土壤中钾、钙的施用要合理，保持土壤适当的盐基平衡。用1%~2%的硫酸镁溶液喷洒叶面，每周1~2次。

黄瓜缺镁2

黄瓜缺镁3

6. 缺铁

【症状】

黄瓜缺铁症状是在幼嫩的叶片上有绿色叶脉与黄色叶肉组织构成网纹，但植株生长正常。叶片颜色呈柠檬黄到白色，进一步失绿扩展到叶脉，受害叶的叶缘出现坏死。与缺锰相比，缺铁时最幼嫩的叶受害最重，症状的发展是从顶部到基部，侧蔓及瓜条都呈柠檬黄色。

黄瓜缺铁

【发生原因】

大棚内是碱性土壤，土壤干燥或过湿、温度低都影响根系对铁的吸收，易引起缺铁症。磷、铜、锰在土壤中过量，会阻碍根系对铁的吸收，也易发生缺铁。

【防治方法】

测定土壤 pH 值为 6~6.5 时，不宜再施石灰，防止土壤呈碱性；加强土壤水分管理，防止土壤干燥或过湿；当发现黄瓜植株缺铁时，用硫酸亚铁 0.1%~0.5% 的水溶液或柠檬酸铁 100 毫克 / 千克水溶液喷洒叶面，还可将螯合铁盐 50 毫克 / 千克水溶液以每株 100 毫升施入土壤。

7.缺锌

【症状】

从中部叶片开始褪色，但叶脉清晰可见，叶缘从黄化到变成褐色，逐渐枯死，叶片向外侧稍微卷曲。生长点不黄化，但其附近的节间缩短。缺锌症状与缺钾症状类似，叶片黄化。缺钾是叶缘先呈黄化，渐渐向内发展，而缺锌为全叶黄化，渐渐向叶缘发展。二者的区别是黄化的先后顺序不同。

黄瓜缺锌

【发生原因】

光照过强；吸收磷过多，植株即使吸收了锌，也表现出缺锌症状。一般认为，多数作物对磷和锌的吸收之比（P_2O_5/Zn）在400以上，表现有缺锌症。土壤 pH 值高，即使土壤中有足够的锌，但不溶解，也不能被作物吸收利用。有时是受母质的影响，如蛇纹岩、橄榄岩的风化土缺锌。这种母质中含镍多，对锌的吸收有阻碍。

【防治方法】

耕翻土地时，每亩施硫酸亚铁 1.3 千克，土壤不能施磷过量。

还可以用硫酸锌 0.1%~0.2% 的水溶液喷洒作物叶面。

8. 缺硼

【症状】

缺硼症主要表现在黄瓜植
株上部生长点附近，上部靠近
生长点附近的节间显著地缩
短，上部叶向外侧卷曲，叶缘
部分变褐色，叶脉有萎缩现象。
与缺钙症状类似，但缺钙时叶
脉间黄化，缺硼则叶脉间不黄

黄瓜缺硼

化。植株生长缓慢，正在膨大的瓜条畸形，果上有污点，果实表
皮出现木质化，有带有纵向的白色条纹。

【发生原因】

酸性土壤一次性施用石灰过量或过多地使用钾肥，都影响植
株对硼肥的吸收，从而引起缺硼症。

【防治方法】

注意施用硼肥，基肥每亩施硼砂 1.5~2 千克，叶面喷洒
0.1％~0.2％ 硼砂溶液，每隔 4~5 天喷 1 次，连喷 2~3 次。多
施有机肥，防止过量施用石灰质肥和钾肥；及时灌溉，防止土壤
干燥。

9. 缺硫

【症状】

植株生长矮小，叶片小，特别是幼叶长得更小；叶向下卷曲，
呈淡绿色至黄色。与缺氮植株相比，老叶黄化最不明显，幼叶叶
缘锯齿很显著。

【发生原因】

在保护地栽培中，由于长期不用带硫酸根的肥料，有缺硫的可能。

【防治方法】

在施肥时施些硫酸铵、过磷酸钙、硫酸钾等。

10.缺锰

【症状】

顶部及中部叶片上发生黄色的叶脉间花斑。开始时最小的叶脉尚保持绿色，以后除主脉外，叶肉变黄至黄白色，在叶脉间形成凹陷的坏死斑，老叶片最先枯死。

【发生原因】

是由锰元素过多引起的。如过多使用含锰农药，土壤过酸或过碱，氮肥和钾肥施用过多等。

【防治方法】

增施石灰质肥料，可提高土壤的 pH 值，从而降低锰的溶解度；注意灌溉时防止土壤过湿，避免土壤溶液处于还原状态。

八　黄瓜营养过剩症

1. 氮过剩

【症状】

大棚黄瓜氮肥过多时，植株浓绿，生长黄瓜减少，中下层叶卷曲，叶柄稍微下垂，叶脉间有明显的斑点或斑点在叶缘相结合，瓜条比正常的小。

【发生原因】

施用铵态氮肥过多，特别是遇到低温或把铵态氮肥施入消毒的土壤中，硝化细菌或亚硝化细菌的活动受抑制，铵在土壤中积累的时间过长，引起铵态氮过剩；易分解的有机肥施用量过大。

黄瓜氮过剩

【防治方法】

避免氮素过剩，实行测土配方施肥。根据土壤养分含量和作物需要，对氮、磷、钾和其他微量元素实行合理搭配，科学施用，不可盲目施用氮肥。

2. 硼过剩

【症状】

种子发芽出苗，第 1 片真叶顶端变褐色，向内卷曲，逐渐全叶变黄。幼苗生长初期，较下位的叶片叶缘黄化。

【发生原因】

前茬作物施用较多的硼砂或是含硼的工业污水流入田间。

【防治方法】

土壤 pH 值低，施用石灰质肥料提高其 pH 值。浇大水，通过水溶解硼并淋失。浇大水后，再施用石灰质肥料效果更好。

3. 锰过剩

【症状】

叶片的叶脉周围变成黄褐色，从下部叶依次向上部叶发展；叶柄有黑褐色，整个植株生长停止。

【发生原因】

大棚定植前，如果用 100 ℃高温消毒或土壤 pH 值低（pH 值 7 左右），就会引起锰过剩。

黄瓜锰过剩

【防治方法】

选用耐低温、耐弱光、耐短日照的早熟优良品种，如中农 3 号、津优 2 号等。土壤缺钙易引发锰过剩，可对易发生锰过剩的地增施钙肥，施用石灰质肥料，以碳酸钙或氯化钙作追肥，使黄瓜生长过程中减少对锰的吸收。发现有锰过剩症状时，及时采取浇大水，使其溶解淋失，再结合施用石灰质肥的方法效果更佳。把土壤的 pH 值调节为中性，避免在偏碱或偏酸性的土壤上种植黄瓜。采用测土配方施肥技术，合理施用锰肥和其他肥料。加强定植后栽培管理。适当控制浇水，防止土壤湿度过大，避免土壤溶液处于还原状态。注意提高地温，以利于肥料的吸收和利用。

九 有花无瓜

【症状】

只开雄花不开雌花。

【发生原因】

有花无瓜是由于黄瓜植株体内细胞分裂失调所致。黄瓜植株在生长过程中茎蔓失调疯长，破坏黄瓜植株体内的分枝能力，从而导致黄瓜植株只开雄花不开雌花，或只在蔓梢处开有限的几朵雌花。这样会严重影响黄瓜的产量和效益。

有花无瓜1

【防治方法】

（1）严格控制瓜蔓疯长，保证黄瓜植株生长健壮。

（2）采取化学调控措施，可收到良好的效果。当黄瓜植株长出 4 片以上真叶，瓜蔓长 30~40 厘米时，每亩可用乙烯利 200~500 毫克 / 千克（稀释浓度）或萘乙酸 5~10 克，然后加水 50~70 千克，均匀喷施 1~2 次，即可促进黄瓜植株细胞正常分裂，增强雌雄花同株并开的能力，有效解决黄瓜因只开雄花而引发的"不育症"。

有花无瓜2

有花无瓜3

十 黄瓜瓜佬

【症状】

黄瓜花在开花受精后膨大不畅，结的瓜小，像小梨、小香瓜一样悬在植株上，无食用价值。

【发生原因】

同一花芽分化的雌蕊、雄蕊都得到发育，结出的瓜即瓜佬。完全花株和雄全花株结瓜佬率较高，因为黄瓜花芽分化时具有雌、雄两种原基，最后是发育成雄花还是雌花由环境条件决定。

【防治方法】

（1）选择品种。选择单性结实性强的品种作主栽品种。

（2）保持合适的温度、湿度、光照、二氧化碳浓度等条件来促进雌蕊的发育。为促进雌蕊原基发育而抑制雄蕊发育，在花芽分化期，尽可能使温度白天保持 25~30 ℃，夜间保持 10~15 ℃；8 小时光照；相对湿度为 70%~80%，土壤湿润；保持二氧化碳浓

黄瓜瓜佬1   黄瓜瓜佬2

度达到 1 000~1 500 毫克 / 千克为宜，如不足，要人工补充。

（3）疏花时，疏除结瓜佬的完全花，以免浪费养分。

十一　叶烧病

【症状】

发病初期，主要发生在中部叶片叶缘或整个叶缘干边，干边严重时引致叶缘干枯或卷曲。

黄瓜叶烧病

【防治方法】

（1）合理用药，避免产生药害。防治病虫害用药时，要做到科学、合理地用药，按照说明书要求，不要盲目加大用药浓度，喷雾要细而均匀或用低溶量喷雾以减少喷药水量。

（2）避免发生盐害。棚室内的土壤易返盐，应在播种或定植黄瓜前深翻地后浇水压盐，并增施有机肥，减少化肥使用，定植后实行地膜覆盖，防止水分蒸发而产生盐害。

（3）棚室要合理掌握放风时间和放风量，在棚内外温差过大时，不要上、下大通风，而要开天窗通上风，闭前窗不通下风，以防闪秧而引致焦叶边。

（4）合理浇水。既要防止过旱引致黄瓜焦边叶，又要避免湿度过大造成沤根而引致枯边叶。

（5）施用充分发酵腐熟沤制的堆肥或有机肥料。采用配方施肥技术，合理施用肥料，尤其要做到追肥适时、适量，以利于土壤溶液适宜黄瓜生长。

十二　药害

噻唑磷、辛硫磷、丙溴磷是允许蔬菜上使用的三种有机磷类杀虫剂，如果使用不当，会对黄瓜苗期产生药害。噻唑磷有颗粒的，也有液体的。黄瓜苗定植时，根系和噻唑磷颗粒直接接触产生药害；黄瓜植株在生长至1米之前冲施液体噻唑磷也容易产生药害。辛硫磷和丙溴磷在黄瓜苗定植前15天内也容易产生药害。

【症状】

药害主要表现在叶片、瓜条上，严重时引起植株死亡。

（1）叶片异常。黄瓜受到药害，多表现在叶片上，发生药害时，叶片受害最重，一般表现为叶片枯萎。颜色褪减，逐渐变为黄白色，并伴有各种枯斑，边缘枯焦或黄化，组织穿孔，皱缩卷曲，增厚僵直，提早脱落。药害发生轻者，黄瓜生长延缓，影响产量；重

黄瓜药害1

者绝产、绝收。

（2）结瓜异常。用多效唑控制植株徒长时，植株的伸长生长得到良好的控制，但会使瓜条的生长长度明显变短，严重影响黄瓜的商品质量。

（3）引起植株死亡。苗期在叶面喷洒辛硫磷乳剂，或误用盛装过除草剂而没做处理的喷雾器，会造成植株死亡或叶片枯死。

【防治方法】

（1）将噻唑磷拌土穴施，避免药剂与根系直接接触。一般10% 的噻唑磷颗粒剂穴施每亩地用量为 1.0~1.5 千克，沟施每亩地用量为 1.0~2.0 千克。

（2）黄瓜苗定植前 15 天内和定植后，黄瓜植株在 1 米长内不要使用辛硫磷、丙溴磷和液体噻唑磷。药害发生后，通过及时补救，加强管理，可以减轻危害。

（3）清水喷淋。如发现喷错农药，应及时用清水冲洗 2~3 次，洗净植株表面的药液。碱性农药造成的危害，可在清水中加入适量食醋；酸性农药造成的危害，可在清水中加入 0.1% 的生石灰；对于棚室，还可在天气适宜时放风，排出有害气体。

黄瓜药害2　　　　　　　　　　　　黄瓜药害3

（4）摘除受害枝叶。枝叶受害后，褪绿变色，失去生理功能，要及时摘除，防止药剂在植株体内渗透、传导，促使植株尽快萌生新芽、新叶，恢复正常生长。

（5）及时浇水。增加植株体内细胞的水分，促进新陈代谢，减少有害物质的相对含量。同时冲淡根部积累的有害物质，促进根系的生长发育，缓解药害。

（6）叶面施肥。产生药害后出现抑制生长的，可喷用赤霉素（九二〇）30~50毫克/千克，再配合白糖100倍液；出现叶片急速扭曲下垂的，可立即喷用100倍液的白糖水。对除草剂造成的药害，如果不十分严重，可喷用抗病威或病毒K500倍液，如果出现严重抑制生长的植株，可用原液涂抹其生长点部。其他农药药害，一般采用天然芸苔素或叶面喷施硫酸锌600~700倍液，促使植株体自身产生赤霉素，从而解除和减缓药害。

十三　除草剂危害

【**症状**】

（1）黄瓜使用过量会造成搭架的植株矮化，生长缓慢，新叶很难长出，即使新叶长出，但色泽发黄，叶片变薄，叶片上出现以叶脉隔离的黄色斑，叶片脆，易脱落。

（2）花瘦小不壮，易落花，有的枯死在瓜蔓上。

除草剂危害黄瓜

（3）结实量少，畸形瓜较多，即出现较多的尖嘴、蜂腰和弯曲瓜，商品性差。劈开蔓后，发现内部有部分呈褐色的药液流到根部，根的再生能力差，侧根变粗、变短，造成植株新叶、花、果生长势都较弱，产量低。除草剂会使幼苗生长缓慢，推迟黄瓜开花、结果时间；生长期间，误喷除草剂或空气中飘移来的除草剂会首先危害生长点和幼叶，使叶片凹凸不平，叶缘干枯，向上卷曲，节间变短，与病毒病类似。

【**防治方法**】

（1）生产中应尽量将除草剂与其他农药分开，使用喷雾器进行操作，避免交叉药害的发生。

（2）在药害轻的地块立即喷解毒药和生长调节剂，例如用10~20毫克/千克赤霉素、细胞分裂素、云大 120 的 4 000~6 000

倍液，以防止黄瓜果实脱落，促进细胞分裂，抑制衰老。

（3）加强水肥管理，肥料多用叶面肥及含锌、铁的微肥。

（4）有严重药害的蔬菜田一般不能恢复，可立即拔除黄瓜植株重新种植。黄瓜种植田周围如果有人使用除草剂，要及时喷药解除，可用鲜牛奶 250 毫升兑水 15 千克进行喷雾。

十四　黄瓜低温障碍、障害

【症状】

（1）冬春茬黄瓜播种后如果遇上寒流阴雪天气，棚内地温降至 6~13 ℃，就会出苗缓慢，造成出苗后苗黄、苗弱。

（2）刚出土幼苗的子叶叶缘变白，叶片变黄，根系生长受阻。如果地温长时间低于 12 ℃，会出现沤根、烂根现象，秧苗严重变黄。当出苗后遇到阴雪寒流的天气，棚内白天气温 12~23 ℃的时间超过 6 小时，夜间地温在 11 ℃时，幼苗生长缓慢，叶色浅、叶缘枯黄。

（3）当棚内夜间气温低于 5 ℃，地温低于 8 ℃时，植株停止生长，继而出现幼苗萎蔫。当夜间气温低于 5 ℃和地温低于 8 ℃的时间较长时，就会发展到低温障害。不发新根，花芽分化甚至停止分化，叶片呈黄白色，植株抵抗力减弱，造成寄生物侵染发病。有的植株叶片呈水浸状，致叶片枯死。有的因幼苗生长很弱，

低温障碍危害黄瓜1

低温障碍危害黄瓜2

易发生菌核病、灰霉病等病害。

（4）受低温不良影响，正处在结瓜期的植株生长缓慢，甚至停止生长。

（5）叶小，叶色浅绿，顶部嫩叶变黄褐色。

（6）化瓜率高，上部的瓜几乎不膨大。

（7）正发育的嫩瓜出现畸形，以尖头弯曲瓜为多，尤其靠近棚前的黄瓜植株，受低温影响，尖头弯曲瓜率更高，叶色变浅绿、褐黄，停止生长。严重时形成障害，植株萎蔫枯死。在棚室保护地靠近后墙的黄瓜植株，受低温和日照时数过少的影响，往往发生黄瓜泡泡病，即初在叶片正面上产生鼓泡，泡顶部位初呈褪绿色，后变为黄色至灰黄色。少数叶片背面凸凹不平，凹陷处呈白毯状。

【防治方法】

（1）选用耐低温性强的优良品种。这些品种在 10~12 ℃的变温条件下也能出苗，在苗期和结瓜盛期能耐短时的 3~5 ℃低温和弱光，且早熟性强，如津春 3 号、津优 2 号等。

（2）采用低温处理，增强黄瓜的抗寒性。把快发芽的种子置于 0 ℃冷冻 24~36 小时后播种，不仅发芽快，还增强了抗寒力。

（3）低温炼苗，增强耐寒性。黄瓜播种后棚内气温应保持在25~30 ℃。出苗后，白天温度保持在25 ℃，夜间温度保持在15~20 ℃。嫁接苗成活后，要对嫁接幼苗进行低温炼苗，加大昼夜温差炼苗。上午早揭保温被等覆盖物，只要揭开保温被等覆盖物后棚内温度不降低，就应在此时揭保温被等覆盖物；中午晚通风和缩短通风时间，使棚内中午前后的气温达35 ℃左右；下午推迟覆盖保温被等覆盖物的时间，使盖保温被等覆盖物后棚内气温不高于20 ℃，子夜至凌晨的气温在12~15 ℃，昼夜温差可达

10~20 ℃。经过7~10天锻炼，黄瓜叶色变深，叶片变厚，植株含水量降低，束缚水含量提高，过氧化物酶活性提高，细胞内渗透调节物质的含量增加，可溶性糖含量提高，其抗寒性和低温忍耐性将明显提高。

（4）采用低温炼苗与适度蹲苗相结合。低温炼苗与适度干燥蹲苗相结合，对提高黄瓜幼苗抗寒能力的作用更为明显。但蹲苗不宜过度，炼苗也不宜温度过低，否则会影响黄瓜苗的正常生长发育。

（5）沿大棚前面设防寒沟，阻止棚外与棚内土壤的热交换而导致棚内地温降低，同时对棚内栽培全部实行薄膜覆盖。

（6）采取综合、有效的保温防冻措施。如选用防雾剂、防尘棚膜，覆盖保温性好的草苫，再加盖棉被和浮膜，实行多层覆盖保温。在大棚冬春茬黄瓜育苗时，可于苗床覆盖地膜，再扣盖小拱棚。严堵大棚墙外等处的缝隙，适当减少通风时间和通风量，土壤含水量达70%左右。控制冬暖大棚内气温，白天保持在25~30 ℃，夜间保持在15~20 ℃；地温白天保持在22~28 ℃，夜间保持在16~20 ℃。如气温降至黄瓜临界温度时，为迅速使棚内温度回升，于棚内均匀分置5~6个木渣火盆，点燃暗火加温，可使棚内气温回升2~3 ℃。

（7）建造保温性强的塑料大棚。冬暖塑料大棚的墙体是大棚的主要贮热保温结构。

（8）喷洒72%农用链霉素可溶性水剂3 000~4 000倍液，可减轻低温冷害。

十五　黄瓜氨过剩和亚硝酸气害

【黄瓜氨过剩主要症状】

棚室氨过剩多发生在施氨态肥后3~4天，中部受害叶片正面出现大小不规则的失绿斑块或水浸状斑，叶尖、叶缘干枯下垂，多为整个棚发病，且植株上部和下风口发病重；上风口和棚口及四周轻于中间。幼苗期造成叶片和植株心叶的叶脉间褪色，叶缘呈烧焦状，向内侧卷曲。

氨过剩危害黄瓜

【亚硝酸气害主要症状】

施肥后10天左右，黄瓜的中部叶片先在叶缘或叶脉间出现水浸状斑点，后向上、下叶片扩展，叶片受害后变为白色，病部与健部界限明显，叶片背面病斑凹陷。

【防治方法】

（1）施用充分发酵腐熟的饼肥、鸡粪、人粪等有机肥。

（2）采用配方施肥技术，减少氮肥用量，做到合理施肥。提倡施用高温杀菌沤制的堆肥和生物肥。追施氮肥时，要深施严埋，施肥后及时浇水，并提高棚内地温，促进肥料快速分解，以免产生亚硝酸气害。

（3）当发现植株的新叶有缺绿症时，可用 pH 值试纸监测棚内空气中气体的动态变化。当 pH 值大，偏碱性时，有可能发生氨过剩；当 pH 值小，偏酸性时，有可能发生亚硝酸气害。要加强对病株的保护，改用硝态氮肥，使其恢复生长。因缺氮需要追肥时，可采取根外追肥，叶面喷洒 0.5% 尿素和 0.2% 磷酸二氢钾溶液。对已发生氨过剩或亚硝酸气害的，要立即加大通风量，降低棚内有毒气体的含量，同时配合浇水以降低土壤中肥料的浓度，减少氨气、亚硝酸气体来源。

（4）采取覆盖地膜栽培，膜下暗灌冲施化肥，能减少水分和肥料的蒸发，可避免产生有毒气体。

第四部分　黄瓜病毒病的诊治

【症状】

黄瓜病毒病发病主要症状有以下 4 种情况：

（1）花叶病毒病。幼苗期感病，子叶变黄枯萎，幼叶为深浅绿色相间的花叶，植株矮小。成株期感病，新叶为黄绿相间的花叶，病叶小，皱缩，严重时叶反卷变硬、发脆，常有角形坏死斑，簇生小叶。病果表面出现深绿与浅绿相间的花斑，凹凸不平或畸形，停止生长，严重时病株节间缩短，不结瓜，萎缩枯死。

（2）皱缩型病毒病。新叶沿叶脉出现浓绿色隆起皱纹，叶形变小，出现蕨叶、裂片；有时沿叶脉出现坏死。果面产生斑驳或凹凸不平的瘤状物，果实变形，严重的病株会枯死。

（3）绿斑型病毒病。新叶产生黄色的小斑点，以后变淡黄色斑纹，绿色部分呈隆起的瘤状。瓜条染病后，表现为深绿与浅绿相间的疣状斑块，瓜果表面凹凸不平或畸形。

（4）黄化型病毒病。中、上部叶片在叶脉间出现绿色减退的小斑点，后发展成淡黄色，或全叶变鲜黄色，叶片硬化，向背面卷曲，叶脉仍保持绿色。

黄瓜花叶病毒病

黄瓜黄化型病毒病

黄瓜皱缩型病毒病

黄瓜幼苗期病毒病

黄瓜结果期病毒病

黄瓜结果前期病毒病

【发生原因】

主要由黄瓜花叶病毒（CMV）、烟草花叶病毒（TMV）和南瓜花叶病毒侵染所致。

【发病规律】

病毒随多年生宿根植株或病株残余组织遗留在田间越冬，也可由种子带病毒越冬。病毒主要通过种子、汁液摩擦、传毒媒介昆虫及田间农事操作传播至寄主植物上，进行多次再侵染。防治媒介昆虫不及时、肥水不足、田间管理粗放的田块发病重，各类病毒均可通过伤口接触传染。土壤传播病毒，主要是通过病残体、线虫、某些真菌，经根部染上病毒使植株发病。棚室蔬菜反季翻茬栽培时，在深冬严寒季节，外界寒冷，寄生于宿根植物上的媒介昆虫不能往棚室内迁移，故棚内作物不易染病毒病，偶有发病植株，病情也轻。但在秋、春季节，白粉虱、有翅蚜等病毒媒介昆虫往往趁棚室放风之际迁入棚室，通过为害黄瓜等蔬菜将病毒传播于植株体内，造成发病。

【防治方法】

（1）选用抗病品种。如中农4号、中农6号、津春3号、津春4号等品种抗花叶病毒病。在无病区或无病植株上留种。播种前用55℃温汤浸种15分钟，或把种子在70℃恒温下处理72小时。

（2）种子处理。用10%磷酸三钠液浸种20分钟后，用清水淘洗净，再浸种3~4小时，捞出后置于25~30℃的条件下催芽、播种。

（3）培育无病壮苗。采用育苗移栽，可防止少伤根。秋冬茬黄瓜育苗时，苗床上覆盖遮阳网和防虫网，既防止烧苗，又防止翅蚜等昆虫侵入伤害幼苗，避免传播病毒病。秋冬茬大棚黄瓜定植后，顶风口和下风口处都要设置防虫网，防止病毒媒介飞入棚内。适期定植可防止病毒传播。

（4）加强田间栽培管理。采用高垄定植，覆盖银灰色地膜；采用配方施肥技术，促进黄瓜植株健壮生长，增强其抗逆性；不论是保护地还是露地栽培，都要及早防治蚜虫、白粉虱等病毒媒介昆虫传播，避免因其他病虫害危害而传播病毒病。

（5）药物防治。于发病初期开始喷洒下列药剂之一，并交替轮换喷施不同的药剂：10% 病毒必克可湿性粉剂 800~1 000 倍液，或 7.5% 克毒灵水剂 600 倍液，或 20% 病毒宁 500 倍液，或宁南霉素水剂 500 倍液，或 0.5% 抗毒剂 1 号 300 倍液，或 20% 毒克星 500 倍液，或 83 增抗剂 100 倍液，或 6.5% 菌毒清水剂 800 倍液等。在定植后、初果期、盛果期各喷施 1 次，收获前 5 天停止用药。

第五部分 黄瓜虫害的综合诊治方法

一　瓜蚜

【学名】

瓜蚜学名 *Aphis gossypii* Glover，属同翅目，蚜科。别名棉蚜，俗称腻虫、蜜虫等，全国各地均有发生。

【寄主】

黄瓜、南瓜、西葫芦、西瓜、豆类、茄子、菠菜、洋葱等蔬菜。

瓜蚜为害黄瓜叶片

【症状】

瓜蚜主要以成虫和若虫群集于叶背、嫩茎、嫩尖吸食汁液，分泌蜜露，使叶片发生煤污，并向反面卷缩，瓜苗生长停止，甚至整株枯死。更为严重的是易传播病毒病。

【形态特征】

体长 1.5~4.9 毫米，多数约2毫米，有时被蜡粉，但缺蜡片。触角6节，少数5节，罕见4节，罕见椭圆形，末节端部常长于基部。眼大，多小眼面，常有突出的3小面眼瘤。喙末节短钝至长尖，腹部大于头部与胸部之和。前胸与腹部各节常有缘瘤。腹管常管状，长常大于宽，基部粗，向端部渐细，中部或端部有时膨大，顶端常有缘突，表面光滑或有瓦纹或端部有网纹，罕见生有或少或多的毛，罕见腹管环状或缺。尾片圆椎形、指形、剑形、三角形、五角形、盔形至半月形。尾板末端圆。表皮光滑、有网纹或皱纹或由微刺或颗粒组成的斑纹。体毛尖锐或顶端膨大为头状或扇状。有翅蚜触角通常6节，前翅中脉通常分为3支，少数分为2支。后翅通常有肘脉2支，罕见后翅变小，翅脉退化。翅脉有时镶黑边。

【生活习性】

瓜蚜繁殖最适的温度范围是 16~22 ℃。北方地区超过 25 ℃，空气相对湿度达 75% 以上，不利于瓜蚜繁殖。瓜蚜繁殖的速度与温度关系密切，夏季 4~5 天繁殖 1 代，春、秋季 12 天繁殖 1 代，冬季在棚室保护地蔬菜作物上 6~7 天繁殖 1 代。世代重叠严重，所以瓜蚜发生、发展非常迅速。在干旱或雨量较小、温度适宜、天敌控制作用弱时，瓜蚜为害严重。有翅蚜对银灰色有负趋性，对黄色有趋性。

【防治方法】

（1）农业防治。

1）及时清除越冬保护地内、菜田附近的枯草和蔬菜收获后的残株病叶等，及早消灭虫源。

2）避蚜。小拱棚育苗时，在上面覆盖银灰色的薄膜；棚室黄瓜定植后，采用银灰色地膜覆盖，避蚜。在开春之后至初冬期间，于棚室的通风口设置防虫网，阻挡蚜虫飞入棚室内。大棚内定植"无病、无虫、无弱苗"。

3）黄板诱蚜。即利用蚜虫的趋黄特性，在田间挂黄色木板等物，高度与株高相同，外部涂抹透明的机油引诱蚜虫扑向黄板，并被机油粘住后死之。注意 7~10 天清理一次黄板和重新涂机油。

4）利用蚜虫的天敌，如七星瓢虫、异色瓢虫、草蛉、食蚜蝇等。当蚜虫发生量少时，可以利用其天敌进行防治。

（2）药剂防治。能消灭蚜虫的药剂很多，以具有触杀、内吸（或胃毒）、熏蒸三种作用的农药为好，并注意喷药时须集中喷叶背面和嫩茎处。要及早喷药，最好在点、株发生时喷药，每5~7天喷药1次。长期喷药，会引起抗药性，须交替使用和提高浓度。可用25%噻虫嗪悬浮剂每亩3~4克，或10%吡虫啉可湿性粉剂每亩20~30克，或12%乙基多杀菌素悬浮剂2 000倍液，或10%灭幼酮可湿性粉剂1 000~1 500倍液，或2.5%联苯菊酯乳油3 000倍液喷洒。或4%鱼藤酮粉剂1千克混细土3千克喷粉。或鱼藤精600~800倍液喷洒，此药为植物性杀虫剂，效力高，对人、畜都安全。或用400~500倍液洗衣粉均匀喷洒，每亩用液60~80千克，一定把药液喷到蚜虫上才会收到好的效果。连喷2~3次。温室、大棚可用5%灭蚜粉喷粉防治或10%异丙威烟雾剂、熏杀毙等烟熏剂熏蒸。

二　朱砂叶螨（棉红蜘蛛）

【学名】

朱砂叶螨学名 *Tetranychus cinnabarinus*（Boisduval），属真螨目，叶螨科。别名红叶螨、棉红蜘蛛。

【寄主】

黄瓜、豆类、茄果类等蔬菜。

【形态特征】

雌螨体长约 0.5 毫米，体椭圆形，深红色或锈红色，体背两侧各有 1 对黑斑。雄螨比雌螨小，略呈菱形，体浅黄色。幼螨 3

朱砂叶螨为害黄瓜1

朱砂叶螨为害黄瓜2　　　　　朱砂叶螨为害黄瓜3

对足；若螨4对足，与成螨相似。卵球形，浅黄色，孵化前略红。越冬卵红色，非越冬卵淡黄色，较少。越冬代幼螨红色，非越冬代幼螨黄色。

【生活习性】

朱砂叶螨生长发育和繁殖的最适温度为29~31℃，相对湿度为33%~55%，即高温、低湿有利于发生。朱砂叶螨对含氮高的植株有趋向性。

【为害特点】

主要表现为若螨和成螨群聚叶背吸取汁液，使叶片呈灰色或枯黄色细斑，严重时叶片干枯脱落，连续结果期缩短，造成黄瓜减产和商品性降低。

【防治方法】

（1）农业防治。

1）清除上茬作物的残枝病叶，消灭菌源。上茬作物收获后要及时清洁田园，把枯枝败叶深埋或沤制。要除净棚室周围的杂草，避免人为带菌入棚。

2）调查虫情基数，及时防治。朱砂叶螨繁殖力极强，尤其在高温、高湿条件下，4~5天就1代，因此应特别注意调查虫情危害，发现有此螨发生，立即进行喷药防治。

（2）药剂防治。喷药的时期选在个别植株上发生朱砂叶螨时，可用 73% 克螨特乳油 2 000 倍液，或 34% 速灭螨乳油 3 000~4 000 倍液，或 25% 灭螨猛可湿性粉剂 1 000 倍液，或 1.8% 阿维菌素乳油 3 000 倍液，或 1.8% 杀螨素乳油 3 000 倍液。喷第一次药后，每 7~10 天喷 1 次，连续喷治 3~4 次，而且喷药要均匀、周密，做到不漏喷，有效控制虫情危害。

三 侧多食跗线螨（茶黄螨）

【学名】

侧多食跗线螨学名 *Polyphagotarsonemus latus*（Banks），属蜱螨目，跗线螨科。别名茶半跗线螨、茶黄螨、茶嫩叶螨。

【寄主】

黄瓜、番茄、茄子、辣椒、萝卜、白菜、豇豆、菜豆、甜椒、西芹、茼蒿、苋菜等。

【为害特点】

主要表现为成螨和幼螨聚集于黄瓜的幼嫩部位周围，或多聚集在嫩叶背面，刺吸植株体内的汁液，致黄瓜受害。受害轻时，叶片变厚，皱缩而不能展平，叶色浓绿而无光泽；受害严重时，主蔓顶端叶片变小、变硬，叶片背面呈灰褐色，具油质状光泽，叶缘向下卷，致生长点干枯，不生长新叶，其余叶色浓绿，幼茎变为黄褐色，有时茎顶端向一边弯曲。瓜条受害，变为黄褐色至灰褐色。侧多食跗线螨危害的症状往往与生理病、病毒病的症状相似，要注意认真观察，及时防治。

【形态特征】

雌成螨体长0.2~0.5毫米，近椭圆形，乳黄色至浅黄绿色，4对足，第4对足纤细；雄成螨体长约0.17毫米，略扁平，尾端呈楔形，第4对足粗长。卵近圆形，乳白色，表面布满排列整齐的白色圆点。幼螨近圆形，乳白色，3对足。若螨与成螨相似，但身体中部较宽，背面有云状花纹。

側多食跗线螨为害黄瓜

【生活习性】

在热带及温室条件下，全年都可发生，但冬季繁殖能力较低。河南地区 9~10 月发生严重。侧多食跗线螨繁殖的最适温度为 16~23 ℃，相对湿度为 80%~90%。世代发育历期在 28~30 ℃时为 4 天，18~20 ℃时为 7~10 天。成螨有强烈的驱嫩性。卵和幼螨对湿度要求高，在相对湿度 80% 以上时才能发育，因此温暖、多湿的环境有利于侧多食跗线螨的发生。大棚内自 5 月下旬开始发生，6 月下旬至 9 月中旬为盛发期，露地蔬菜以 7~9 月受害重，主要在温室内越冬，少数雌成螨可在越冬作物或杂草根部越冬。

【防治方法】

（1）早春注意清除田间的枯枝落叶和杂草，减少虫源。遇干旱季节时，要注意及时灌水施肥，增加田间湿度，促进植株生长。

（2）药剂防治。采取"预防为主,防治结合"的防治策略。点、片发生初期,可选用0.3%印楝素乳油800倍液,或1%苦参碱2号可溶性液剂1 200倍液,或22%毒死蜱·吡虫啉乳油2 500倍液,或25%吡·辛乳油1 500倍液,或20%哒螨酮可湿性粉剂1 500倍液,或1.8%阿维菌素乳油3 000~4 000倍液,或2.5%联苯菊酯乳油1 500倍液,或3.3%阿维联苯菊酯乳油850倍液,或73%炔螨特乳油2 000倍液,或25%灭螨猛可湿性粉剂1 000倍液,或21%增效氰马乳油2 000倍液等喷雾防治。喷药重点部位是嫩叶背面,视虫情每7~10天喷1次。

四 蓟马

【学名】

蓟马学名 *Anaphothrips obscurus*（Muller），属缨翅目，蓟马科。别名玉米蓟马、玉米黄蓟马、草蓟马。

【寄主】

黄瓜、节瓜、冬瓜、西瓜、苦瓜、番茄、茄子及豆类蔬菜。

【为害特点】

主要为害方式是在黄瓜

蓟马为害黄瓜

生长点及幼嫩部位刺吸汁液，后留下白色的点状食痕。黄瓜受害严重时，幼嫩部位干缩，生长缓慢，幼瓜会出现畸形，甚至造成落瓜。此外，叶腋间受害后不发生腋芽或发出的腋芽畸形，不能形成侧枝，造成侧枝不能结果。

【形态特征】

幼虫呈黑色、褐色或黄色；头略呈后口式，口器锉吸式，能锉破植物表皮，吸吮汁液；触角6~9节，线状，略呈念珠状，一些节上有感觉器；翅狭长，边缘有长而整齐的缘毛，脉纹最多有两条纵脉；足的末端有泡状的中垫，爪退化；雌性腹部末端圆锥形，腹面有锯齿状产卵器，或呈圆柱形，无产卵器。

【生活习性】

河南地区，蓟马在3~10月为害瓜类和茄子，冬季取食马铃

薯等作物，每年有 3 个为害高峰期，即 5 月下旬至 6 月中旬、7
月中旬至 8 月上旬及 9 月，尤以秋季发生普遍，为害严重。蓟马
成虫活跃、善飞、怕光，多在节瓜嫩梢或幼瓜的毛丛中取食，少
数在叶背为害。雌成虫主要行孤雌生殖，也偶有两性生殖；卵散
产于叶肉组织内，每雌产卵 22~35 粒，若虫也怕光，到 3 龄末期
停止取食，坠落在表土。在田间干旱，即经常不浇水或浇水少的
地块发生蓟马为害偏重。

【防治方法】

（1）农业防治。

1）栽培过程中及时清除田间杂草、消灭棚室越冬寄主的虫
源，避免蓟马向上转移为害。

2）黄瓜育苗时，采用营养土或营养钵育苗，全田覆盖地膜，
防治瓜苗受越冬蓟马为害。使用遮阳网或防虫网可防止外界的蓟
马迁入棚内。当外界气候干旱时，采用浇大水的方法浇灌。

（2）生物防治。蓟马的天敌有中华微刺盲蝽、小花蝽等，当
蓟马发生数量少时，在棚室保护地可释放其天敌。

（3）药剂防治。在发病初期进行喷药防治，喷药时应注意对
黄瓜植株各个生长部位全喷，同时喷洒地面和墙边。用 5% 锐劲
特悬浮剂 3 000 倍液，或 10.1% 凯撒乳油 3 000 倍液，或 10%
除尽悬浮剂 3 000 倍液，或 40% 七星宝乳油 600~800 倍液，
或 58% 丰霸乳油 2 000~3 000 倍液，或 25% 杀虫双水剂 400 倍液，
或 40% 乐斯本乳油 1 000 倍液，或 10% 高效灭百可乳油 2 000 倍
液等药剂进行喷雾防治。一般 7~8 天喷 1 次，连续喷 2~3 次具有
良好的防治效果。

五　美洲斑潜蝇

【学名】

美洲斑潜蝇学名 *Liriomyza sativae* Blanchard，属双翅目，潜蝇科。别名蔬菜斑潜蝇、蛇形斑潜蝇、甘蓝斑潜蝇，世界上最为严重和危险的多食性斑潜蝇之一。

【寄主】

美洲斑潜蝇是一种危险性检疫害虫，适应性强、繁殖快、寄主广泛，多达 33 科170 多种植物，其中对黄瓜、菜豆、番茄、甜菜、辣椒、芹菜等蔬菜作物造成的危害很大，一般会使其减产达 25%左右，严重的可减产 80%，甚至绝收。

【形态特征】

成虫小，体长 1.3~2.3 毫米，浅灰黑色，胸背板亮黑色，体腹面黄色，雌虫体比雄虫大。卵米色，半透明，大小为（0.2~0.3）毫米×（0.1~0.15）毫米。幼虫蛆状，初无色，后变为浅橙黄色

美洲斑潜蝇为害黄瓜1

美洲斑潜蝇为害黄瓜2

至橙黄色，长3毫米。蛹椭圆形，橙黄色，腹面稍扁平，大小为（1.7~2.3）毫米×（0.5~0.75）毫米。

【生活习性】

世代周期随温度变化而变化：15℃时，约54天；20℃时，约16天；30℃时，约12天。成虫具有趋光性、趋绿性和趋化性，对黄色趋性更强。有一定的飞翔能力。成虫吸取植株叶片汁液；卵产于植物叶片的叶肉中；初孵幼虫潜食叶肉，并形成隧道，隧道端部略膨大；老龄幼虫咬破隧道的上表皮，爬出道外化蛹。主要随寄主植物的叶片、茎蔓，甚至鲜切花的调运而传播。

【为害特点】

主要以幼虫在叶片上表皮或下表皮上的叶肉组织取食，吸食汁液和产卵，幼虫潜入叶片和叶柄，产生带湿黑色和干褐色虫粪，蛇形的白色或浅灰色潜道，破坏叶绿素。由于叶绿素被破坏，光合作用急剧下降，植株生长变缓。严重时整个叶片布满虫道，叶片逐渐枯萎，直至整个植株死亡。

美洲斑潜蝇为害黄瓜3　　　　美洲斑潜蝇为害黄瓜4

【防治方法】

（1）农业防治。

1）在保护地内或露地蔬菜田发生代数少、虫量少的情况下，定期摘除有虫叶片，集中烧毁，有较好的防治效果。

2）在美洲斑潜蝇盛发期，每亩用麦糠25千克与80%敌敌畏乳油100毫升拌匀，于棚内均匀分布4~5份，暗火点燃后，闭棚熏烟1夜。每7~8天熏1次，连续防治2~3次。

3）黄瓜定植前，用50%辛硫磷乳油50毫升或48%乐斯本乳油50毫升，拌入细干土40~50千克，均匀撒入田间，然后进行划锄，可杀灭虫蛹。

4）蔬菜定植后，在棚室通风口处设置避虫网，防止外界的斑潜蝇成虫等害虫迁飞入棚内。

（2）生物防治。可于棚内释放斑潜蝇天敌，如潜蝇茧蜂、姬小蜂等，因其对斑潜蝇寄生率较高，防效明显。

（3）药剂防治。由于美洲斑潜蝇适应温度范围广，繁殖速度快，所以在高温季节，喷药的间隔时间短。夏季棚室和露地一样，每4~5天喷1次。保护地冬、春季节，每7~8天喷1次药，要连续喷药4~5次。选用高效、低毒、低残留的农药，交替轮换用药，以防止此虫产生抗药性。可选用48%乐斯本乳油1 000倍液，或10%除尽（溴虫腈）乳油3 000倍液，或40%绿来宝乳油1 000倍液，或5%抑太保乳油2 000倍液，或25%噻虫嗪水分散粒剂1 800倍液，或阿巴丁乳油2 000~3 000倍液，或2.0%阿维菌素乳油3 000~4 000倍液，或1.2% 7051杀虫素2 000倍液，或10%溴虫腈悬浮剂1 000倍液。控制在成虫高峰期8~12小时内喷药，防效更明显。

六　　瓜绢螟

【学名】

瓜绢螟学名 *Diaphania* indica（Saunders），属鳞翅目，螟蛾科，绢野螟属。别名印度瓜野螟、瓜绢野螟、棉螟蛾。

【寄主】

黄瓜、丝瓜、苦瓜、甜瓜、西瓜、冬瓜、番茄、茄子等蔬菜作物。

【形态特征】

成虫体长 11 毫米，头、胸黑色，腹部白色，第 1、7、8 节末端有黄褐色毛丛。前、后翅白色透明，略带紫色，前翅前缘和外缘、后翅外缘呈黑色宽带。末龄幼虫体长 23 ~ 26 毫米，头部、前胸背板淡褐色，胸腹部草绿色，亚背线呈两条较宽的乳白色纵带，气门黑色。蛹长约 14 毫米，深褐色，外被薄茧。卵呈扁平椭圆形，淡黄色，表面有龟甲状网纹。各体节上有瘤状突起，上生短毛。全身以胸部及腹部较大，尾部较小，头部次之。

瓜绢螟为害黄瓜果实

瓜绢螟为害黄瓜叶片

【生活习性】

成虫昼伏夜出，具弱趋光性，历期 7~10 天，对瓜类蔬菜不发生危害。雌虫交配后即可产卵，卵产于叶背或嫩尖上，散生或数粒在一起，卵期 5~8 天。

【为害特点】

初孵幼虫先在叶背或嫩尖取食叶肉，被害部呈灰白色斑块，有近 30% 的幼虫即吐丝将叶片左右缀合，匿居其中进行为害；大部分幼虫裸体在叶背取食叶肉，可吃光全叶，仅存叶脉和叶面表皮，或蛀食瓜果。幼虫不仅为害叶片，而且取食其果肉，严重时每片叶或每条瓜有幼虫 20~50 条，多者达 160 多条，严重影响黄瓜的商品性。

【防治方法】

（1）农业防治。

1）提倡采用防虫网，防治瓜绢螟的同时兼治黄守瓜。

2）及时清理瓜地，消灭藏匿于枯藤落叶中的虫蛹。

3）提倡用螟黄赤眼蜂防治瓜绢螟。此外，在幼虫发生初期及时摘除卷叶，置于天敌保护器中，使其天敌寄生蜂等飞回大自然或瓜田，但害虫留在保护器中，以集中消灭部分幼虫。

（2）药剂防治。在幼虫 1~3 龄时，可用 2% 天达阿维菌素乳油 2 000 倍液，或 2.5% 敌杀死乳油 1 500 倍液，或 20% 氰戊菊酯乳油 2 000 倍液，或 5% 氯虫苯甲酰胺悬浮剂 1 200 倍液，或 15% 茚虫威悬浮剂 2 000 倍液，或 5% 高效氯氰菊酯乳油 1 000 倍液等药剂进行均匀喷雾防治。

七　白粉虱

【学名】

　　白粉虱学名 *Trialeurodes vaporariorum*（Westwood），属同翅目，粉虱科。别名小白蛾子。

【寄主】

　　白粉虱寄主范围较广，如黄瓜、菜豆、茄子、番茄、辣椒、冬瓜、豆类、莴苣及白菜、大葱、牡丹花等。

【为害特点】

　　白粉虱主要以成虫和若虫吸食植物汁液，为害叶片使其变黄，甚至最后全株萎蔫枯死。此外，由于其繁殖力强，繁殖速度快，群聚为害，个别受害严重的地块会绝收。所以此虫往往会引起两大严重绝产性病害：一是会分泌大量汁液，严重污染叶片和果实，

白粉虱为害黄瓜1

白粉虱为害黄瓜2

使黄瓜失去商品性；二是会携带病毒，致病毒病大发生。

【形态特征】

卵椭圆形，具柄，开始浅绿色，逐渐由顶部扩展到基部为褐色，最后变为紫黑色。1龄为长椭圆形，较细长；有发达的胸足，能就近爬行，后期静止下来，触角发达，腹部末端有一对发达的尾须，占体长的1/3。2龄胸足显著变短，无步行机能，定居下来，身体显著加宽，椭圆形；尾须显著缩短。3龄体形与2龄若虫相似，略大；足与触角残存；体背面的蜡腺开始向背面分泌蜡丝；显著看出体背有3个白点，即胸部两侧的胸褶及腹部末端的瓶形孔。蛹早期，身体显著比3龄加长、加宽，体色为半透明的淡绿色，附肢残存；尾须更加缩短。中期，身体显著加长、加厚，体色逐渐变为淡黄色，侧面有刺。末期比中期更长、更厚，成匣状，复眼显著变红，体色变为黄色，成虫在蛹壳内逐渐发育起来。成虫雌虫，个体比雄虫大，经常雌雄成对在一起，大小对比显著。腹部末端有产卵瓣3对（背瓣、腹瓣、内瓣），初羽化时向上折，以后展开。腹侧下方有两个弯曲的黄褐色曲纹，腹部末端有一对钳状的阳茎侧突，中央有弯曲的阳茎。腹部侧下方有4个弯曲的黄

白粉虱为害黄瓜3

褐色曲纹。4 对蜡板分别位于第 2、3、4、5 腹节上。

【生活习性】

若虫在叶背越冬。越冬若虫在 3 月化蛹, 3 月下旬至 4 月羽化。世代不整齐, 散生或密集呈圆弧形, 数粒至 10 粒一起。成虫寿命 6~7 天。成虫不善飞, 有趋黄性, 群集在叶背面, 具趋嫩性, 故新生叶片成虫多, 中下部叶片若虫和伪蛹多。交配后, 1头雌虫可产 100 多粒卵, 多者 400~500 粒。白粉虱最适发育温度为 25~30 ℃, 在温室内一般 1 个月发生 1 代。

【防治方法】

（1）农业防治。

1）棚室前茬宜种植白粉虱不喜食的蔬菜, 如芹菜、蒜黄等较耐低温的蔬菜, 以减少虫源。

2）培育"无病虫弱苗", 把育苗温室和种植温室分开, 播种前彻底熏杀虫源, 清除残株病叶和杂草, 在通风口设置避虫网, 防止外界虫源的侵入。

（2）生物防治。白粉虱的天敌是丽蚜小蜂, 可在温室内人工繁殖、释放丽蚜小蜂种群, 能有效地控制白粉虱害。

（3）物理防治。白粉虱对黄色敏感, 有强烈趋性, 可在温室内设置黄板, 诱杀成虫。将 10 厘米 ×20 厘米的纸板涂上黄漆, 再涂一层机油, 每亩设置 30~40 块。一般 7~10 天重涂一次。

（4）药剂防治。在发病初期, 可用 25% 噻嗪酮乳油 1 000 倍液, 或 25% 噻虫嗪（阿克泰）水分散剂 1 800 倍液, 或 2.5% 联苯菊酯乳油 900 倍液, 或 10% 烯啶虫胺水剂 2 000~3 000 倍液, 或 1.8% 螺虫乙酯（亩旺特）悬浮剂 2 000 倍液, 或 1.8% 阿维菌素乳油 2 000 倍液, 或 2.5% 天王星乳油 3 000 倍液, 或灭扫利 20% 乳油 2 000 倍液杀成虫、若虫、伪蛹, 连续施用, 均有较好的防治效果。

八　地老虎类

【学名】

地老虎主要代表有：

（1）小地老虎。学名 *Agrotis ypsilon*（Rottemberg），属鳞翅目，夜蛾科。别名土蚕、地蚕、黑土蚕、黑地蚕。

（2）黄地老虎。学名 *Agrotis segetum*（Denis et Schiffer müller，1775），属鳞翅目，夜蛾科。

（3）大地老虎。学名 *Trachea tokionis*（Buter），属鳞翅目，夜蛾科。

【寄主】

各种蔬菜和农作物幼苗等。

【症状】

主要表现为幼虫将黄瓜幼苗近地面的茎部咬断，使整株死亡，造成缺苗断垄。

【形态特征】

（1）小地老虎。成虫体长 16~23 毫米，翅展 42~54 毫米。触角雌蛾丝状，双栉齿状。前翅黑褐色，亚基线、内横线、外横线及亚缘线均为双条曲线；在肾形斑外侧有一个明显的尖端向外的楔形黑斑，在亚缘线上有 2 个尖端向内的黑褐色楔形斑，3 斑尖端相对，是其最显著的特征。后翅淡灰白色，外援及翅脉黑色。卵馒头形，直径 0.61 毫米，高 0.5 毫米左右，表面有纵横相交的隆线，初产乳白色，后出现红色斑纹，孵化前灰黑色。幼虫体长

37~47 毫米，灰黑色，体表密布大小不等的颗粒，臀部黄褐色，具 2 条深褐色纵纹。蛹体长 18~24 毫米，红褐色或暗红褐色。腹部第 4~7 节基部有 2 个刻点，背面的大而色深，腹末具臀棘 1 对。

小地老虎

（2）黄地老虎。成虫体长 14~19 毫米，翅展 32~43 毫米，灰褐至黄褐色；额部具钝锥形突起，中央有一凹陷。前翅黄褐色，全翅散布小褐点，各横线为双条曲线但多不明显，肾纹、环纹和剑纹明显，且围有黑褐色细边，其余部分为黄褐色；后翅灰白色，半透明。卵扁圆形，底平，黄白色，具 40 多条波状弯曲纵脊，其中约有 15 条达到精孔区，横脊 15 条以下，组成网状花纹。幼虫体长 32~45 毫米，头部黄褐色，体淡黄褐色，体表颗粒不明显，体多皱纹而淡，臀部上有两块黄褐色大斑，中央断开，小黑点较多，腹部各节背面毛片，后两个比前两个稍大。蛹体长 16~19 毫米，红褐色。第 5~7 腹节背面有很密的小刻点 9 或 10 排，腹末生粗刺一对。

（3）大地老虎。成虫体长 20~23 毫米，翅展 52~62 毫米，头部、胸部褐色，下唇须第 2 节外侧具黑斑，颈板中部具黑横线 1 条。腹部、前翅黑褐色，外横线以内前缘区、中室暗褐色，基线双线褐色达亚中褶处，内横线波浪形，双线黑色，剑纹黑边窄小，环纹具黑边圆形褐色，亚缘线锯齿形浅褐色，缘线呈一列黑色点，后翅浅黄色。卵半球形，直径1.8毫米，高1.5毫米，初淡黄色后渐变黄褐色，孵化前呈灰褐色。老熟幼虫体长41~61毫米，黄褐色，体表多皱纹，颗粒不明显。头部褐色，中央具黑褐色纵纹1对。额（唇基）三角形，底边大于斜边，各腹节2毛片与1毛片大小相近。气门长卵形，黑色，臀板除末端2根刚毛附近为黄褐色外，几乎全为深褐色，且全布满龟裂状皱纹。蛹体长23~29毫米，腹部第4~7节前缘气门之前密布刻点。常与小地老虎混合发生，以长江流域地区危害较重。

【生活习性】

（1）小地老虎。以老熟幼虫、蛹和成虫越冬。成虫夜间交配产卵，卵产在5厘米以下的矮小杂草上，如小旋花、小蓟、藜、猪毛菜等，尤其在贴近地面的叶背或嫩茎上，卵散产或成堆产。成虫对黑光灯及糖醋液等趋性较强。幼虫共6龄，3龄在地面、杂草或寄主幼嫩部位取食，危害小；3龄后昼夜潜伏于表土，夜间出来为害，动作敏捷，性残暴，能自相残杀。老熟幼虫有假死性，受惊缩成环形。其性喜温暖和潮湿，最适发生温度为13~25℃。在河流、湖泊地区或低洼内涝、雨水充足和常年灌溉地区，如土质疏松、团粒结构好、保水性强的壤土、黏壤土、沙壤土中，均适合小地老虎发生。早春菜田和杂草多的周边，可提供产卵场所；蜜源植物多的地方，可以为成虫提供足够的营养，会形成较大的虫源。

（2）黄地老虎。东北、内蒙古年发生2代，西北年发生2代或3代，华北年发生3代或4代。一年中春、秋两季为害，但春季重于秋季。一般4~6龄幼虫在2~15厘米深的土层中越冬，以7~10厘米最多，翌年春3月上旬，越冬幼虫开始活动，4月上中旬在土中化蛹，蛹期 20~30 天。华北 5~6 月为害最重，黑龙江 6 月下旬至 7 月上旬为害最重。成虫昼伏夜出，具有较强的趋光性和趋化性。其习性与小地老虎相似，幼虫以 3 龄以后为害最重。

（3）大地老虎。每年发生 1 代，以幼虫在田埂杂草丛中及绿肥田中表土层越冬，翌年 4~5 月与小地老虎同时发生危害。有越夏习性，气温高于 20 ℃则滞育越夏，9 月中旬开始化蛹，10 月上中旬羽化成成虫。每雌可产卵 1 000 粒，卵期 11~24 天，幼虫期 300 天。

【防治方法】

注意虫情预报，及时防治。

（1）农业防治。

1）配制糖醋液诱杀成虫。糖醋液配制方法：糖 6 份、醋 3 份、白酒 1 份、水 10 份、90% 万灵可湿性粉剂 1 份，调匀，在成虫发生期设置。将某些发酵变酸的食物，如甘薯、胡萝卜、烂水果等加入适量药剂，也可诱杀成虫。

2）利用黑光灯诱杀成虫。

3）在幼苗定植前将地老虎喜食的灰菜、刺儿菜、小旋花、艾蒿、青蒿、鹅儿草等堆放一起诱集幼虫，然后人工捕捉或拌入药剂毒杀。

4）早春及时清除菜田及周围杂草，防止地老虎成虫产卵。

5）清晨在被害苗株的周围找到潜伏的幼虫，每天捉拿，坚持 10~15 天。

6）配制毒饵，播种后即在行间或株间进行撒施。毒饵配制方法：①豆饼毒饵：将豆饼（秕谷、麦麸、棉籽饼或玉米碎粒）5 千克炒香，而后用 90% 敌百虫 30 倍液 0.15 千克拌匀，适量加水拌湿，每亩施 1.5~2.5 千克撒入幼苗周围。②青草毒饵：将青草切碎，每 50 千克加入农药 0.3~0.5 千克，拌匀后成小堆状撒在幼苗周围，每亩用毒草 20 千克。

（2）药剂防治。1~3 龄幼虫抗药性差，且暴露在寄主植物或地面上，是化学防治的最佳时期。可用 48% 地蛆灵乳油 1 500 倍液，或 48% 乐斯本乳油或 48% 天达毒死蜱 2 000 倍液，或 2.5% 劲彪（高效氯氟氰菊酯）乳油 2 000 倍液，或 20% 氰戊菊酯乳油 1 500 倍液，或 20% 氯·马（高效氯氰菊酯和马拉硫磷）乳油 1 500 倍液，或 10% 溴·马（溴氰菊酯和马拉硫磷）乳油 2 000 倍液等进行地表喷雾。

九　根结线虫

【学名】

本节根结线虫指南方根结线虫，学名*Meloidogyne incongnita*（Kofold & White）Chitwood，属蜡蚧科。别名甘薯根结线虫。

【寄主】

南方根结线虫寄主广泛，可寄生洋葱、苋属、甜菜、胡萝卜、豆科、菜豆、桃等几百种植物。

【症状】

根结线虫主要发生于根部、侧根或须根等部位，染病后产生瘤状、大小不等的根结。在根结处长出细弱的新根，使寄主再度染病，继续形成根结。把根结解剖开，可观察到根结内部有很多乳白色线结样的线虫。由于根的导管被阻，严重影响其对养分及水分的吸收和利用，造成植株生长迟缓，叶片小而黄，中午前萎蔫，轻病植株症状不明显，重病植株生长发育不良，结实受到影响，发病严重时全田病株枯死。

【形态特征】

雄成虫线状，尾端钝圆，无色，大小为（1.0~1.5）毫米 ×（0.03~0.04）毫米；雌成虫梨形，乳白色，大小为（0.44~1.59）毫米 ×（0.26~0.81）毫米。病原适宜在温暖、干燥的环境条件下生长，幼虫共四龄，适宜发病的温度范围为15~35 ℃。病原线虫发育最适环境：土温为25~30 ℃，土壤含水量40% 左右。病原在适温下完成一代需要约17天，土温10 ℃以下幼虫停止活动，

正常黄瓜根系

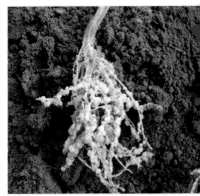

根结线虫为害黄瓜根系1

根结线虫为害黄瓜根系2

根结线虫为害黄瓜根系3

55 ℃时经 10 分钟即可死亡。卵囊和卵对不利环境条件的抵御能
力较强。

【发病规律】

土壤温度是影响根结线虫孵化和繁殖的重要条件。根结线虫
适宜活动温度范围为 7~38 ℃，低于 7 ℃和高于 42 ℃时停止活动。
土壤干燥或过湿也会使根结线虫活动受到抑制，其在砂土地中发生危害重。一般棚室保护地的环境条件有利于根结线虫发生。因棚室保护地温度周年适宜蔬菜生长，故在棚室保护地，根结线虫世代繁殖，连续再侵染，也因此在棚室保护地较露地发生危害严重。

【防治方法】

（1）农业防治。

1）及时清除前茬作物的残枝病叶和田间杂草，集中深埋和烧毁。在建造大棚或温室时应选无病地块。

2）利用夏季高温季节，采用高温闷棚方法杀灭线虫。结合深耕暴晒与扣棚，利用高温杀灭部分线虫或于冬季晾堡冻死越冬虫体，或巧妙地利用大棚黄瓜的栽培闲置时间，连续灌水，保持地面3厘米的水层5~7天，能明显抑制线虫发生危害，减少虫口密度。也可高温闷棚结合施药，杀灭线虫。具体方法是：先将棚内地深耕、耙平，使土壤疏松，然后开沟起垄作畦，每垄按所定植行的位置开沟15~20厘米深，每亩施入80%灭线威5~6千克，施入药后盖土。全棚施药完毕，严密封闭大棚，利用连续3~5天的晴日高温闷棚，使棚内土壤温度达50~55℃，药剂加高温，杀灭线虫效果更好。高温闷棚后，通风降温，使棚内温度降至适宜黄瓜生育的温度，即可定植黄瓜。但应注意，严禁灭线威粉剂与黄瓜苗直接接触，也不可兑水喷洒，以防对黄瓜有药害。

3）土壤处理措施。可用98%棉隆作熏蒸剂，轻者每亩用量3千克左右，重者5~8千克，均匀地施于地面，翻土30厘米深，浇水后盖膜，地温在6~25℃，熏15天左右，去膜通气，通过毒气熏蒸杀死线虫。采用这种方法应注意在播前7天操作，以便气体挥发，然后才能在棚内播种或定植，从而避免人畜中毒。

4）对发病植株根部采用多次培土法，促使茎基部未遭受危害的主根早日生出新的次生根，并加强肥水管理，可尽快恢复长势。

5）对连年栽培老棚室发生线虫危害的，可采用彻底换土的方法或在棚内耕层之下铺塑料薄膜，灌水种藕，杀灭线虫效果较好。

（2）药剂防治。黄瓜生长期间发生线虫危害，可结合中耕松土再施1次30%除线特，用药量一般较前增加1~2倍，即每亩用5~6千克。或用50%辛硫磷1 000倍液，或用41.7%氟吡菌酰胺悬浮剂1 500倍液进行灌根，可收到明显的防治效果。

十　蛴螬

【学名】

蛴螬是金龟子或金龟甲幼虫的学名，成虫通称为金龟子或金龟甲，别名鸡母虫、白土蚕、老母虫、白时虫。蛴螬按其食性可分为植食性蛴螬、粪食性蛴螬、腐食性蛴螬三类，其中植食性蛴螬以鳃金龟科和丽金龟科的一些种类发生普遍，为害严重。

【寄主】

植食性蛴螬大多食性极杂，同一种蛴螬可为害双子叶植物、单子叶植物及多种蔬菜、油料、棉花、牧草等播下的种子和幼苗。

【症状】

幼虫蛴螬终生栖居土中，喜食刚刚播下的种子、根、块根、块茎及幼苗等，造成缺苗断垄；成虫蛴螬则喜食害瓜菜、果树、林木的叶和花器。它是一类分布广、为害重的害虫。

【形态特征】

蛴螬体肥大，较一般虫类大，体型弯曲呈"C"形，多为白色，少数为黄白色。头部褐色，上颚显著，腹部肿胀。体壁较柔软、多皱，体表疏生、细毛。头大而圆，多为黄褐色，生有左右对称的刚毛，如华北大黑鳃金龟的幼虫为3对，黄褐丽金龟幼虫为5对。蛴螬具胸足3对，一般后足较长；腹部10节，第10节称为臀节，臀节上生有刺毛，其数目的多少和排列方式也是分种的重要依据。

【生活习性】

两年1代，以幼虫和成虫在土中越冬，4~7月成虫大量出现，白天藏在土中，晚上 8~9 时进行取食等活动。蛴螬有假死和负趋光性，并对未腐熟的粪肥有趋性，喜欢生活在甘蔗、木薯、番薯等肥根类植物种植地。幼虫蛴螬始终在地下活动，与土壤温度和湿度关系密切。当深 10 厘米的土壤温度达 5 ℃时，蛴螬开始上升土表，13~18 ℃时活动最盛，23 ℃以上则往深土中移动，至秋

蛴螬

季土温下降到其活动适宜范围时，再移向土壤上层。

【防治方法】

（1）农业防治。

1）选用前作为豆类、花生、甘薯和玉米的地块为最好。

2）要施用充分腐熟的粪肥，减轻蛴螬为害。

3）用黑光灯诱杀成虫。

4）大面积春、秋季翻耕，并随犁拾虫；避免施用未腐熟的厩肥，减少成虫产卵。

（2）药剂防治。

1）用 50%辛硫磷乳油每亩用 200~250 克，加水 10 倍，喷于 25~30 千克细土上拌匀成毒土，顺垄条施，随即浅锄，或以同样用量的毒土撒于种沟或地面，随即耕翻，或混入厩肥中施用，或

结合灌水施入。

2）每亩用2%甲基异柳磷粉2～3千克拌细土25～30千克成毒土；或用3%甲基异柳磷颗粒剂，或5%辛硫磷颗粒剂，或5%地亚农颗粒剂，每亩用2.5～3千克处理土壤，都能收到良好的效果，并兼治金针虫和蝼蛄。

3）每亩用2%对硫磷或辛硫磷胶囊剂150~200克拌谷子等饵料5千克左右，或50%对硫磷或辛硫磷乳油50~100克拌饵料3~4千克，撒于种沟中，兼治蝼蛄、金针虫等地下害虫。

扫码看参考文献

扫码看附录